Die bewährte

Berkel-
Milch- und Rahmwaage

VAN BERKEL & CO.

Oesterr. Maschinenfabriks-Gesellschaft
m. b. H.

Wien III, Erdbergerlände Nr. 28c

Telephon U-12-5-75

BERKEL

Fucoma
MILCHUNTERSUCHUNGSAPPARATE

Einrichtung chemischer und bakteriologischer Molkerei-Laboratorien
Mehr als 30 Jahre Spezialerfahrung

Paul Funke & Co. Berlin N 65

Vertretung für Nd. und Ob.-Österr.
Max Gebetsroither, Wels, Bahnhof-
straße 10 / Amstetten, Wienerstr. 14

# VERBAND DER GROSSMOLKEREIEN IN WIEN

STÄNDIG KONTROLLIERT
DURCH DAS MILCH-KONTROLLINSTITUT DER
ÖSTERREICHISCHEN LAND- U. FORSTWIRTSCHAFTSGESELLSCHAFT

## Alpenmilch-Zentrale

## Milchindustrie (Miag)

## Niederösterreichische Molkerei

## Vereins-Molkerei

## Wiener Molkerei (Wimo)

# DAS ÖSTERREICHISCHE LEBENSMITTELBUCH
## CODEX ALIMENTARIUS AUSTRIACUS

II. Auflage

Herausgegeben vom Bundesministerium für soziale Verwaltung,
Volksgesundheitsamt, im Einvernehmen mit der Kommission zur
Herausgabe des österreichischen Lebensmittelbuches

*Vorsitzender: o. ö. Prof. Dr. Franz Zaribnicky*

XLV. HEFT

# MILCH
## UND
# MILCHERZEUGNISSE

REFERENTEN: O. Ö. PROFESSOR DR. **ADOLF STAFFE**
UND REGIERUNGSRAT ING. **ALFRED WEICH**

VERLAG VON JULIUS SPRINGER IN WIEN 1936

ISBN 978-3-7091-5159-4     ISBN 978-3-7091-5307-9 (eBook)
DOI 10.1007/978-3-7091-5307-9

# DAS ÖSTERREICHISCHE LEBENSMITTELBUCH
## CODEX ALIMENTARIUS AUSTRIACUS

II. Auflage

Herausgegeben vom Bundesministerium für soziale Verwaltung,
Volksgesundheitsamt, im Einvernehmen mit der Kommission zur
Herausgabe des österreichischen Lebensmittelbuches

*Vorsitzender: o. ö. Prof. Dr. Franz Zaribnicky*

## XLV.

# Milch und Milcherzeugnisse

Referenten: o. ö. Prof. Dr. *Adolf Staffe* und Regierungsrat
Ing. *Alfred Weich* (Landw. chem. Bundesversuchsanstalt, Wien)

Die Verkehrsregelung für Milch und Milcherzeugnisse erfolgte aus
mehrfachen Gesichtspunkten und beruht dementsprechend auf mehreren
verschiedenartigen Gesetzen. Für das Lebensmittelbuch kommen im
wesentlichen nur die Bestimmungen des Lebensmittelgesetzes,
RGBl. Nr. 89 aus 1897, und der hiezu erlassenen einschlägigen Verordnungen in Betracht. Diese Bestimmungen sind sowohl für die Durchführung der amtlichen Lebensmittelkontrolle als auch für die Judikatur
der zur Ahndung von Zuwiderhandlungen berufenen Strafgerichte bin-
dend. Im vorliegenden Hefte des Lebensmittelbuches sind im Abschnitte
„Beurteilung" jene Regeln zusammengefaßt, nach denen die Kontroll-
organe und die Lebensmitteluntersuchungsanstalten bei der Ausübung
ihres Dienstes vorzugehen und einzuschreiten haben; bei ihrer Ab-
fassung waren sowohl die Ergebnisse der wissenschaftlichen Forschung
und der Praxis als auch die Grundsätze des reellen Verkehres richtung-
gebend.

Die rechtliche Grundlage bilden neben dem bereits erwähnten
Lebensmittelgesetze die folgenden hiezu erlassenen Durchführungsverordnungen:

1. die Ministerial-Verordnung RGBl. Nr. 235 aus 1897 (in der
Fassung der Ministerial-Verordnungen RGBl. Nr. 132 aus 1906 und
BGBl. Nr. 321 aus 1928) über die Erzeugung oder Zurichtung von Eß-
und Trinkgeschirren, dann Geschirren und Geräten, die zur Aufbewahrung von Lebensmitteln oder zur Verwendung bei denselben bestimmt sind, sowie über den Verkehr mit ihnen;

2. die Ministerial-Verordnung, BGBl. Nr. 528 aus 1921, betreffend
das Verbot der Versendung von Milch in unplombierten Kannen, und

3. für den Verkehr mit Kuhmilch die Ministerial-Verordnung BGBl.
Nr. 90 aus 1931, in der Fassung der Ministerial-Verordnung BGBl.
Nr. 245 aus 1935.

Nebstdem trifft auch das Tierseuchengesetz, RGBl. Nr. 177 aus 1909, in den §§ 10, 31, Abs. 6, 33, Abs. 2, 41, Punkt 5, und 46, Abs. 3 und 4, und die hiezu erlassene Durchführungsverordnung RGBl. Nr. 178 aus 1909 zwingende Vorschriften über den Verkehr mit Milch erkrankter Tiere; auch das Rinderpestgesetz, RGBl. Nr. 37 aus 1880 (in der Fassung des Gesetzes RGBl. Nr. 180 aus 1909) und das Lungenseuchentilgungsgesetz, RGBl. Nr. 142 aus 1892 (in der Fassung des Gesetzes RGBl. Nr. 182 aus 1909) enthalten einschlägige Bestimmungen.

Über die eichamtliche Prüfung und Beglaubigung von Milchtransportgefäßen (Milchkannen) und über die Anforderungen, denen diese hiebei entsprechen müssen, wurden nähere Vorschriften mit der Kundmachung des ehemaligen Handelsministeriums RGBl. Nr. 148 aus 1906 erlassen.

Besondere Bestimmungen über den Verkehr mit Kuhmilch, die jedoch für die nach dem Lebensmittelgesetz vorzunehmende Beurteilung nicht bedeutsam sind, enthalten überdies:

das Milchausgleichsfondsgesetz 1934, BGBl. Nr. 17 aus 1935, in der Fassung der Bundesgesetze BGBl. Nr. 169 und Nr. 518 aus 1935;

die Milchpreisverordnung BGBl. Nr. 519 aus 1933 und

das Milchverkehrsgesetz BGBl. II, Nr. 210 aus 1934, in der Fassung des BGBl. Nr. 170 aus 1935.

Über die Durchführung des Milchausgleichsfondsgesetzes wurden nähere Bestimmungen mit den Ministerial-Verordnungen BGBl. Nr. 293 und 340 aus 1931 getroffen.

Auf Grund des Milchausgleichsfondsgesetzes wurde ferner die Ministerial-Verordnung BGBl. Nr. 533 aus 1935 erlassen, wonach die entgeltliche Veräußerung von Verbrauchsmilch in und nach Wien einem besonderen Fondsbeitrage unterliegt.

Auf Grund der Milchpreisverordnung BGBl. Nr. 519 aus 1933 wurden die Milchpreise für Wien und für die besonders bezeichneten Orte (Gemeinden) der Länder in mehreren Ministerial-Verordnungen und Kundmachungen festgesetzt. Derzeit gelten die unter den nachstehend angegebenen Nummern des Bundesgesetzblattes verlautbarten Verordnungen, bzw. Kundmachungen:

a) für Wien: BGBl. II, Nr. 135 aus 1934 (der Preis für Rahm wurde mit der Ministerial-Verordnung BGBl. Nr. 477 aus 1933 festgesetzt);

b) für Niederösterreich: BGBl. Nr. 496 aus 1933, BGBl. I, Nr. 81 und BGBl. II, Nr. 283 aus 1934, BGBl. Nr. 36, 129, 330 und 388 aus 1935 und Nr. 16 aus 1936;

c) für Oberösterreich: BGBl. Nr. 458 aus 1933, sowie BGBl. II, Nr. 136 und 435 aus 1934;

d) für Steiermark: BGBl. Nr. 459 aus 1933, BGBl. II, Nr. 137 aus 1934, sowie BGBl. Nr. 55 und 331 aus 1935;

e) für Salzburg: BGBl. I, Nr. 127 und BGBl. II, Nr. 376 aus 1934, ferner BGBl. Nr. 332 aus 1935;

f) für Kärnten: BGBl. Nr. 246 aus 1935;

g) für Tirol: BGBl. I, Nr. 24 und BGBl. II, Nr. 138 und 189 aus 1934, ferner BGBl. Nr. 141 und 338 aus 1935;

h) für Vorarlberg: BGBl. Nr. 312 aus 1935.

Auf Grund des Milchverkehrsgesetzes (vgl. S. 2) wurde die Ministerial-Verordnung BGBl. II, Nr. 256 aus 1934 erlassen, womit auf Grund des § 13, Abs. 1, des Milchverkehrsgesetzes bestimmt wurde, daß von jedem Liter der aus Niederösterreich nach Wien gelieferten und hier verkauften Verbrauchsmilch zu dem nach dem Milchausgleichsfondsgesetze zu leistenden Fondsbeitrage ein Zuschlag einzuheben ist, der 1 g für den Liter beträgt. Ferner wurde mit der Ministerial-Verordnung BGBl. II, Nr. 293 aus 1934 die Höhe der Gebühr (0,04 g vom Liter) festgesetzt, die die Wiener Milchverkehrsstelle anläßlich der Bestätigung der Anlieferungs- oder Verkaufsscheine einzuheben berechtigt ist.

Zur Durchführung des § 18 des Milchverkehrsgesetzes können ferner auch die Landeshauptmänner für den Bereich bestimmter Verbrauchsorte mit Verordnung Maßnahmen treffen, die darauf abzielen, für die Erzeuger eine auskömmliche und möglichst gleichmäßige Preisbildung zu sichern und zugleich die Belieferung und den Absatz von Milch und Milchprodukten unter Ausschaltung übermäßiger Zwischengewinne den Bedürfnissen der Verbraucher und des Handels entsprechend zu gestalten. Auf Grund dieser Ermächtigung sind folgende Verordnungen erlassen worden: in Niederösterreich LGBl. Nr. 152 aus 1935; in Oberösterreich LGBl. Nr. 42 aus 1935; in Steiermark LGBl. Nr. 26, 27, 29, 30, 52 und 53 aus 1935; in Kärnten LGBl. Nr. 80 und 82 aus 1935 und Nr. 3 aus 1936; in Tirol LGBl. Nr. 39 aus 1934, Nr. 9, 29 und 48 aus 1935; in Vorarlberg LGBl. Nr. 30 aus 1934, Nr. 12 und 33 aus 1935.

Schließlich sei noch erwähnt, daß mit dem Bundesgesetz BGBl. Nr. 193 aus 1935 der Kleinverkauf von Nahrungs- und Genußmitteln, also auch der Kleinverkauf von Milch, den Großwarenhäusern, in denen ein solcher Verkauf nicht den Hauptbetriebsgegenstand bildet (ausgenommen Gast- und Schankgewerbe), verboten wurde.


## 1. Beschreibung

In die Gruppe „Milch und Milcherzeugnisse" gehören[1]) die Kuhmilch sowie die aus ihr gewonnenen Erzeugnisse, wie Sauermilch, Rahm, Magermilch, Buttermilch, Molke, die marktgängige Milch anderer Tiere

---

[1]) Über „Butter" und „Käse" s. Heft XVIII und XLII.

und alles, was unter den Begriff „Milcherzeugnisse" im engeren Sinne fällt, wie: nach besonderen Verfahren zubereitete Säuglingsmilch, gegorene Milch, kondensierte Milch, Dauer-, Trocken- und Blockmilch.

## I. Milch

Milch ist das nach Aufhören der Kolostralbildung während der Laktationsperiode abgesonderte Sekret der Milchdrüsen weiblicher Säugetiere. Im Handel ist unter der Bezeichnung „Milch" ausschließlich Kuhmilch zu verstehen.

## A. Kuhmilch und Erzeugnisse aus Kuhmilch

Die Kuhmilch spielt vor der Milch anderer Tiere eine so überragende Rolle, daß es zweckmäßig erscheint, die Beschreibung sowohl der frischen Milch wie der Milcherzeugnisse zunächst auf Kuhmilch zu beziehen. Für die Kennzeichnung der Milch anderer Tiere genügen einige ergänzende Bemerkungen.

### *a) Frische Milch*

Kuhmilch, frische Kuhmilch, Frischmilch, Vollmilch oder Milch schlechtweg ist eine undurchsichtige, in dünner Schicht durchscheinende, flockenfreie Flüssigkeit, welche durch ununterbrochenes und vollständiges Ausmelken des Euters (nach Aufhören der Kolostrumbildung, d. i. etwa 6 bis 10 Tage nach dem Geburtsakte) gewonnen und gut durchgemischt wurde. Sie hat eine weiße bis gelbliche Farbe, einen mildsüßen Geschmack, einen eigentümlichen, namentlich im körperwarmen Zustande hervortretenden Geruch und eine leichtflüssige Konsistenz. Sie gerinnt nicht beim Kochen. Außer den zulässigen Verfahrensarten, das sind mechanische Reinigung durch Zentrifugen oder Filter, Tiefkühlung und Entlüftung, darf sie keiner weiteren Behandlung unterzogen worden sein. Unter „Einzelmilch" ist das unmittelbar nach der Melkung gemischte Gesamtgemelke einer Kuh, als „Tagesgemelke" ist das gemischte Gesamtgemelke aller Melkungen eines Tages zu verstehen. „Mischmilch" ist das gemischte Gemelke von mindestens 2 Kühen aus einer Erzeugungsstätte. Mischmilch oder gemischte Einzelmilch aus verschiedenen Erzeugungsstätten wird als „Sammelmilch" bezeichnet.

### 1. Zusammensetzung

Hauptbestandteile der Milch sind Wasser, Fett, Eiweißstoffe, Milchzucker und Mineralbestandteile (Salze); daneben enthält sie noch verschiedene andere stickstofffreie und stickstoffhaltige organische Verbindungen, wie Enzyme und Vitamine, ferner gewisse Gase, wie Kohlendioxyd, Stickstoff und Sauerstoff. Die Summe aller festen Bestandteile der Milch bezeichnet man als „Trockensubstanz". Nach Abzug des Fettgehaltes liefert diese die „fettfreie Trockensubstanz". Als „Milchplasma" bezeichnet man die Summe aus der „fettfreien Trockensubstanz“ und dem Wassergehalt der Milch.

1. Das **Wasser** ist der mengenmäßig weitaus überwiegende Bestandteil der Milch; es ist das Lösungs- und Zerteilungsmittel (Dispersionsmittel) für die verschiedenen Bestandteile der Milch.

2. Das **Fett** ist in Form mikroskopisch kleiner Tröpfchen, den sog. Fettkügelchen, im Milchplasma emulgiert (s. S. 4). In frischer Milch ist es unterkühlt und flüssig, mit zunehmendem Alter oder unter dem Einflusse gewisser Behandlungsweisen der Milch wird es ganz oder zum Teil fest. Sein spezifisches Gewicht bei 15⁰ C, bezogen auf destilliertes Wasser von 15⁰ C, beträgt im Mittel 0,93. Der Brechungsexponent ($N_D$ 40⁰ C) beträgt im Mittel 1,454, die Refraktometerzahl im Butterrefraktometer schwankt zwischen 40 und 46 bei 40⁰ C. Bei der Verflüssigung des erstarrten Fettes durch Erwärmen handelt es sich nicht eigentlich um ein Schmelzen in physikalischem Sinne, sondern um ein Lösen der festen Einzelfette in den flüssigen, beim Erstarren durch Abkühlung um ein Auskristallisieren der festen Einzelfette aus einer übersättigten Lösung. Man bezeichnet als Schmelz- bzw. Erstarrungspunkt des Milchfettes jene Temperatur, bei der das letzte feste Einzelfett gelöst bzw. auskristallisiert ist. Als Mittelwert für den Schmelzpunkt sind 33,5⁰ C (31 bis 36⁰ C), für den Erstarrungspunkt 21,5⁰ C (19 bis 24⁰ C) anzunehmen.

Chemisch ist das Milchfett von den anderen tierischen Fetten sehr verschieden. Es besteht aus den gemischten Glyzeriden der Butter-, Kapron-, Kapryl- und Kaprinsäure, Laurin-, Myristin-, Palmitin-, Stearin- und Ölsäure, wobei der Gehalt an Buttersäure charakteristisch ist.

Vorwiegend im Milchfett gelöst finden sich gewisse fettlösliche Bestandteile der Milch, die zwar nur in verhältnismäßig geringen Mengen vorhanden sind, aber doch wichtige Nahrungsbestandteile der Milch bilden. Man faßt sie unter einem Sammelnamen, „Lipoide“, zusammen, obwohl sie ihrem chemischen Bau nach wesentlich voneinander verschieden sind. Die Lipoide gehören zu den Stoffen, die in der Nahrung unentbehrlich sind. Von diesen Stoffen enthält die Milch zwei aus der Gruppe der Phosphatide, Lecithin und Kephalin, ferner das einzige animalische Sterin, das wir kennen, das Cholesterin. Beim Aufrahmen der Milch reichern sich die Lipoide mit dem Fett im Rahm an und fehlen in der Magermilch nahezu völlig.

Im Milchfett gelöst finden sich ferner Vitamine (A, D und E), schließlich noch ein Farbstoff, das Karotin.

Dem Milchfett kommt nicht nur ein bedeutender kalorischer (9,3 Kalorien für 1 g), sondern auch ein erheblicher stofflicher Nährwert zu als Träger lebenswichtiger Nährstoffe, wie der Lipoide und fettlöslichen Vitamine.

3. Von den **stickstoffhaltigen Bestandteilen** sind die Eiweißstoffe (Kaseinogen, Albumin, Globulin), dann solche in polypeptidartiger

Bindung, ferner Kreatin, Kreatinin, Harnstoff, letztere aber nur in belanglosen Mengen, und endlich gewisse Enzyme zu erwähnen.

Das Kaseinogen gehört zu den Phosphorproteiden und ist (mit 80%) seiner Menge nach der weit überwiegende unter den genuinen Eiweißstoffen der Kuhmilch und der anderen Kaseinmilcharten. Es liegt wahrscheinlich in Form eines komplexen Kaseinogen-Kalziumphosphates vor. Durch Erhitzen auf 100⁰ C und wenig darüber wird es nicht zur Koagulation gebracht, wohl aber, wenn man die Milch auf 130 bis 150⁰ C erhitzt.

Durch die Labwirkung wird zunächst das Kaseinogen der Milch in Parakasein gespalten, das dann bei Gegenwart von löslichen Kalksalzen (Kalziumionen) als „Käsestoff" ausfällt. Durch Säure wird aus dem Kaseinogen das Kasein abgeschieden. Ob daran auch das kolloide Kalzium beteiligt ist, steht noch nicht fest.

Das Albumin oder Laktalbumin findet sich in der Milch in gelöstem Zustande, wird durch Säuren und Lab bei gewöhnlicher Temperatur nicht gefällt und gerinnt erst in ganz schwach saurer Lösung beim Erhitzen auf mehr als 70⁰ C.

Globulin ist auch in der Milch gelöst und wird durch Säuren und Lab nicht gefällt. Es macht nur einen geringen Teil (0,1%) des Milcheiweißes aus und ist nur im Kolostrum (s. S. 31) in größeren Mengen (bis zu 8%) vorhanden.

4. Der **Milchzucker** ist optisch rechtsdrehend, reduziert alkalische Kupferlösung, wird unter gewissen Bedingungen durch Säuren gespalten und durch Alkalien in ein hochmolekulares Kondensationsprodukt verwandelt. Durch die Tätigkeit von Mikroorganismen kann der Milchzucker der Milch in Milchsäuregärung (das sog. „Sauerwerden" der Milch), in Buttersäure-, Propionsäure- oder in Alkoholgärung versetzt werden.

5. Die **Mineralstoffe** der Milch bestehen vorwiegend aus den Phosphaten und Chloriden der Alkalien und Erdalkalien und sind teils kolloid, teils ionisiert gelöst. In spontan sauer gewordener Milch ist der gelöste Kalziumanteil vermehrt, in gekochter Milch verringert. Phosphor ist als Bestandteil des Kaseinogens und der Phosphatide, Schwefel in den Eiweißstoffen, Chlor in reichlicher Menge in ionisierter Form, Jod teils in organischer Bindung, teils ionisiert, jedoch ebenso wie Eisen nur spärlich vorhanden.

6. An **gelösten Gasen** finden sich in der Milch besonders Kohlensäure neben Stickstoff und kleinen Mengen Sauerstoff. Nach *Thörner*[1]) enthält Kuhmilch: Kohlensäure 5,5 bis 7,3, Stickstoff 2,3 bis 3,3, Sauerstoff 0,4 bis 1,1 Volumprozente, insgesamt somit 8,2 bis 11,7 Volumprozente.

7. Zu den **Fermenten** oder **Enzymen**, die teils in der Milch originär, d. h. im Organismus der Tiere gebildet, teils bakteriell, d. h. durch

---

[1]) Chemiker-Ztg. 1894, 24, 1845.

Bakterien erzeugt vorkommen, gehören die Hydrolasen (Diastase u. a.) und die Oxydoreduktasen (Peroxydase, Katalase, Reduktase und Perhydridase) sowie die proteolytischen und lipolytischen Fermente.

Die Diastasen vermögen Stärke in Zucker umzuwandeln. Sie kommen in normaler Milch nur in geringer Menge vor, pflegen hingegen in Milch kranker Tiere in erhöhtem Maße aufzutreten und werden schon durch halbstündiges Erwärmen auf mindestens 58° C geschwächt.

Die Peroxydasen sind Enzyme, die den Sauerstoff der Superoxyde, z. B. jenen des Wasserstoffsuperoxydes, auf leicht oxydierbare Körper, wie Paraphenylendiamin, Guajakonsäure usw., zu übertragen vermögen. Sie sind ausschließlich originären Ursprungs. Peroxydasen werden mit Sicherheit durch $2^{1}/_{2}$ Sekunden währendes Erhitzen auf 80° C zerstört, eine Eigenschaft, die zur Unterscheidung von roher und erhitzter Milch dient (s. S. 56).

Die Katalase ist befähigt, aus Peroxyden Sauerstoff abzuspalten. Sie kommt besonders reichlich im Kolostrum vor und stammt teils aus der Drüse, teils aus den in der Milch vorhandenen Leukozyten, teils ist sie ein Produkt der Bakterien und dementsprechend bei verschiedenen Erkrankungen in erhöhtem Maße vorhanden. Die Katalase wird durch halbstündiges Erhitzen auf 65 bis 70° C unwirksam gemacht. Der Grad ihres Auftretens wird zur Beurteilung der Milch, besonders ihrer Käsereitauglichkeit herangezogen.

Die Reduktasen vermögen Farbstoffe, z. B. Methylenblau oder Janusgrün, zu entfärben und aus Schwefelverbindungen Schwefelwasserstoff zu bilden. Sie sind entweder originären oder bakteriellen Ursprunges. Reduktasen werden durch eine 20 Minuten währende Erhitzung auf 70° C zerstört und spielen daher bei der Beurteilung der Milch eine gewisse Rolle.

Die Perhydridase oder Aldehydase ist jenes Enzym, welches aus einem Wasserstoffspender, z. B. Aldehyden, Wasserstoff frei macht, durch welchen gewisse Farbstoffe, wie Methylenblau, entfärbt werden. Diese Eigenschaft wird zur Bestimmung der Perhydridase verwendet. Sie entfaltet ihre beste Wirkung bei 70° C und wird bei 80° C zerstört.

8. Die **Vitamine** sind eine Gruppe von Substanzen organischer Natur, die im Pflanzen- und Tierreich weit verbreitet vorkommen, weder den Eiweißkörpern, noch den Kohlehydraten, noch den Fetten streng zugerechnet werden können und trotz der außerordentlich geringen Menge, in der sie in der Nahrung auftreten, für den normalen Ablauf der Lebensfunktionen unentbehrlich sind.

Von den Vitaminen oder Ergänzungsstoffen kennt man bisher fünf, die vorläufig mit den Buchstaben A—E bezeichnet werden. A, D und E sind fettlöslich, B und C wasserlöslich. In der Milch sind sämtliche bisher bekannten Vitamine enthalten. Der Gehalt an den einzelnen Vitaminen schwankt und ist insgesamt nicht hoch.

Verhalten der Vitamine gegen Temperaturerhöhungen:

Vitamin A: bei 100° C Abnahme infolge von Oxydation.

„ B: 100° C schädigen noch nicht, 120° C schädigen bereits.

„ C: 100° C schädigen bei Luftabschluß nicht, bei Luftzutritt Abnahme infolge Oxydation; 30 bis 40° C durch längere Zeit schädigen bei Luftzutritt.

„ D: zeigt schwankendes Verhalten.

Außer den genannten Bestandteilen enthält die Milch noch geringe Mengen an Kieselsäure und etwa 0,1% Zitronensäure in Form von Zitraten. Ferner Farb- und Riechstoffe, die aus dem Futter stammen können und sich namentlich im Milchfett anhäufen. Zufällig können sich noch viele andere Stoffe vorfinden, darunter namentlich solche, die vom Futter oder von gewissen, den Kühen verabreichten Arzneimitteln herrühren.

## 2. Mikroskopisch sichtbare Teilchen der Milch

1. Die **Fettkügelchen**, nach Rasse, Individualität, Laktationsstadium, Witterung, Melkdauer usw. verschieden groß (Durchmesser 0,1 bis 22 $\mu$,[1]) im Durchschnitt 2,5 bis 3 $\mu$) sind bis zu 11 Millionen in 1 ccm Milch enthalten und häufig zu traubenförmigen Gebilden vereinigt. Beim Aufrahmen der Milch steigen die großen Fettkügelchen rascher an die Oberfläche als die kleinen.

2. Die **zelligen Elemente** sind aus den Drüsenbläschen und den Milchgängen stammende Epithelien und Leukozyten. Man kann folgende Zellgruppen unterscheiden:

a) Die **weißen Blutkörperchen**, und zwar Lymphozyten, große einkernige Zellen, und neutrophile mehrkernige Leukozyten, oft mit phagozytierten Milchkügelchen;

b) **Kubische oder ovaläre Epithelzellen** mit ungleichmäßigem Kern;

c) **Riesenzellen** mit großem, bald zentral, bald peripher liegendem Kern von netzförmiger Struktur; sie enthalten häufig Fettkügelchen und sind wahrscheinlich Drüsenepithelien;

d) **Kernlose Zellen**, manchmal Fetttröpfchen tragend.

## 8. Physikalische Eigenschaften

1. **Spezifisches Gewicht.** Das spezifische Gewicht der Milch ist das Gewicht der Raumeinheit Milch, bezogen auf Wasser von 15° C. Das höchste spezifische Gewicht besitzt die Milch nicht wie Wasser bei + 4° C, sondern bei — 0,3° C, also nahe über ihrem Gefrierpunkt. Das spezifische Gewicht der Milch ist von der Menge der in der Milch

---

[1]) 1 Mikron ($\mu$) = 1 Tausendstel Millimeter.

vorhandenen Stoffe abhängig und verhältnismäßig großen Schwankungen unterworfen, solange es sich nicht um Mischmilch von mehr als fünf Kühen handelt. Bei Einzelmilch schwankt es im allgemeinen von 1,030 bis 1,0345,[1]) in seltenen Fällen werden diese Grenzen unter- oder überschritten. Das spezifische Gewicht von Sammelmilch liegt zwischen 1,0320 und 1,0337 und beträgt im Mittel (Jahresmittel) 1,0325. Morgenmilch — bei zweimaliger Melkung — ist durchschnittlich um einen halben bis einen Laktodensimetergrad schwerer als Abendmilch. Bei dreimaliger Melkung ist die Mittagsmilch im spezifischen Gewicht etwa gleich der Abendmilch, die Morgenmilch höher als die Mittags- und Abendmilch. Bei „Weidemilch" obwalten andere Verhältnisse. Das spezifische Gewicht der Milch ist 4 bis 5 Stunden nach der Melkung infolge der Entgasung, der Quellung des Kaseinogens, der Erstarrung des Milchfettes und gewisser Oberflächenspannungserscheinungen um 1 bis 1,5 Laktodensimetergrade höher als zur Zeit der Gewinnung und nimmt bis zu 12 Stunden nach dem Melken noch etwas zu.

2. Die **Viskosität** oder die Zähflüssigkeit der Milch (S. 41) ist der Widerstand, den sie der Trennung und Verschiebung der einzelnen Teilchen entgegensetzt.

3. **Gefrierpunkt.** Der Gefrierpunkt ist ein Ausdruck für den osmotischen Druck in der Milch; er liegt entsprechend dem Gehalte an Milchzucker und Salzen unter $0^0$ C, schwankt bei Einzelmilch von $-0,50$ bis $-0,57^0$ C und beträgt im Mittel $-0,535^0$ C (Konstante der molekularen Gefrierpunktserniedrigung $k = 1,860$).

Der Gefrierpunkt ist eine auffallend konstante Größe, wenig abhängig von Rasse, Individualität, Fütterung, Geschlechtsfunktionen und Erkrankungen der Milchdrüsen. Er wird beeinflußt durch den Säuregrad; mit zunehmendem Säuregrad erniedrigt sich der Gefrierpunkt, ebenso erniedrigen Zusätze von Zucker oder Salzen, Konservierungsmitteln, wie Formalin, Soda u. dgl. den Gefrierpunkt der Milch, während ein Zusatz von Wasser ihn erhöht.

4. Unter „**Titrationsazidität**" (Säuregrad, potentieller Säuregrad) sind die in der Milch vorhandenen, maßanalytisch feststellbaren Säureäquivalente zu verstehen. Sie wird nach *Soxhlet-Henkel* ermittelt; als frische Kuhmilch kann jene bezeichnet werden, deren Säuregrad nach *Soxhlet-Henkel* nicht mehr als 8 beträgt.

Die Wasserstoffionenkonzentration oder der „aktuelle Säuregrad" der Milch ist der Ausdruck für die Menge der in dieser vorhandenen

---

[1]) Vielfach wird das spezifische Gewicht der Milch in „Laktodensimetergraden" angegeben, d. i. jene Zahl, die man erhält, wenn das spezifische Gewicht der Milch mit 1000 vervielfacht und hievon 1000 abgezogen wird. Ein spezifisches Gewicht von 1,0325 entspricht somit 32,5 Laktodensimetergraden (Spindelgraden).

freien Wasserstoffionen. Sie beträgt für frische Milch im Mittel im Liter $2,2 \times 10^{-7}$, entsprechend $p_H = 6,65$.

5. Die **elektrische Leitfähigkeit** ist ein Ausdruck für die Menge und Beweglichkeit der in der Milch vorhandenen Ionen. Sie liegt bei Milch einzelner Tiere, bei $18^0$ C gemessen, in der Regel zwischen 41 und $50 \times 10^{-4}$.

6. Das **Lichtbrechungsvermögen** des Milchserums ist dessen Eigenschaft, einen in das Serum eintretenden Lichtstrahl aus dessen Richtung abzulenken. Es ist von der Menge der im Serum gelösten Stoffe abhängig, wird nach einem genau bestimmten Verfahren ermittelt (s. S. 43) und als „Refraktometerzahl" angegeben. Diese schwankt bei frischer Milch zwischen 38 und 41 (Mittelwert 39,1).

7. Die **Oberflächenspannung,** welche dahin wirkt, die Oberfläche der Flüssigkeit zu verkleinern.

8. **Fluoreszenz.** Im gefilterten, langwelligen Ultraviolettlicht zeigt normale, frische Kuhmilch in der Regel eine starke, gelbe Fluoreszenz. Der diese verursachende Stoff ist in seinem Wesen noch nicht genau bekannt. Die gelbe Fluoreszenz zeigt sowohl das Milchfett als auch das Milchplasma.

### 4. Quantitatives Verhältnis der einzelnen Milchbestandteile

Das quantitative Verhältnis der einzelnen Milchbestandteile zueinander unterliegt erheblichen Schwankungen, weshalb man lediglich von einer mittleren oder durchschnittlichen Zusammensetzung sprechen kann.

Ein Bild der zahlenmäßigen Verhältnisse der einzelnen Milchbestandteile vermittelt folgende auf amtlichen Untersuchungen aufgebaute Zusammenstellung:

```
Wasser ...................................... 87,2%
Trockensubstanz ............................. 12,8%
     hievon Fett ........................ 3,7%
     Stickstoffhaltige Stoffe (N × 6,37) . 3,6%
     u. z. Kaseinogen ........ 2,9%
           Albumin .......... 0,5%
     Milchzucker .................. 4,8%
     Mineralbestandteile ........... 0,7%
Fettfreie Trockensubstanz .....................  9,1%
Fettgehalt der Trockensubstanz ................ 28,9%
```

Die prozentische Zusammensetzung der Mineralbestandteile (Milchasche), und zwar der Reinasche[1]) ist im Mittel folgende, und zwar nach:

---

[1]) Reinasche = Gesamtasche (Rohasche), vermindert um jene Menge von Phosphorsäure und Schwefelsäure, die sich beim Veraschen aus dem organisch gebundenen Phosphor und Schwefel bildet.

|  | Schrott u. Hansen % | Fleischmann % | Schepang % |
|---|---|---|---|
| $K_2O$ | 25,42 | 25,71 | 20,33 |
| $Na_2O$ | 10,94 | 11,72 | 8,41 |
| $CaO$ | 21,45 | 24,68 | 20,9 |
| $MgO$ | 2,54 | 3,12 | 2,25 |
| $Fe_2O_3$ | 0,11 | 0,31 | 0,05 |
| $P_2O_5$ | 24,11 | 21,57 | 24,8 |
| $SO_3$ | 4,11 | — | 2,25 |
| $Cl$ | 14,60 | 16,38 | 14,55 |

Der Kohlensäuregehalt der Rohasche beträgt gewöhnlich 1,5 bis 2 Prozent.

Sonstige Beurteilungswerte:

Spezifisches Gewicht bei 15⁰ C ............... 1,0325
Spezifisches Gewicht der Trockensubstanz.... 1,323
Wassergehalt des Milchplasmas (%) ......... 90,4 bis 91,5
Refraktionszahl nach *Ackermann* bei 17,5⁰ C ... 39,1
Gefrierpunkt ......................... — 0,535⁰ C (k = 1,860)
Elektrische Leitfähigkeit (18⁰ C)............. $44 \times 10^{-4}$

Sowohl die angeführten Durchschnittszahlen selbst als auch die Grenzwerte schwanken, mit Ausnahme des Gefrierpunktes — von abnormen Fällen ganz abgesehen — je nach den lokalen Verhältnissen und besonderen Umständen sehr bedeutend, was bei der Beurteilung der Milch nicht übersehen werden darf. Auch ist zu beachten, daß diese Schwankungen bei der Milch einzelner oder weniger Tiere weit größer sind als bei Mischmilch von einem Viehstapel, wobei der Mischungsumfang für die Schwankungsbreite der Milchkonstanten unter sonst gleichen Umständen eine entscheidende Rolle spielt, und daß Mischmilch aus einem Stall größere Schwankungen zeigen kann als Sammelmilch aus mehreren Stallungen.

### 5. Einflüsse auf die Zusammensetzung der Milch

#### a) Einflüsse auf die Milchbildung selbst

1. Rasse.

Höhenvieh, wie z. B. Montafoner, Oberinntaler, Pinzgauer, Murbodner, Blondvieh, Fleckvieh geben im allgemeinen weniger, aber eine an Trockensubstanz und Fett reichere Milch als das Niederungsvieh, z. B. Holländer, Ostfriesen.

2. Individualität.

Ebenso geben verschiedene Individuen einer Rasse, trotz gleicher Haltung, Fütterung und sonst gleicher Umstände oft Milch ganz verschiedener Zusammensetzung.

### 3. Geschlechtstätigkeit.

*Brunst:* Sie bringt teils Erhöhungen, teils Verminderungen des Fettgehaltes und der anderen Milchbestandteile, ohne daß eine Gesetzmäßigkeit bisher nachgewiesen werden konnte, jedenfalls nur Veränderungen auf wenige Tage.

*Laktation:* Unmittelbar nach dem Kalben wird das Kolostrum oder die Biestmilch abgesondert (s. S. 31). Im ersten Laktationsmonate ist der Fettgehalt der Milch in der Regel höher als in den unmittelbar darauffolgenden; im 2. und 3. Monate pflegt der tiefste Fettgehalt erreicht zu sein, dann erfolgt ein allmähliches Ansteigen bis zum Trockenstehen. Bei durchmelkenden Kühen[1]) steigt der Fettgehalt bei absinkender Milchmenge allmählich an. Oft sinkt der Milchzuckergehalt bei Ansteigen des Chlorgehaltes. Dabei verändern die Sekrete in weitgehendem Maße Geschmack, Reaktion und Farbe, während der Gefrierpunkt erfahrungsgemäß gleich bleibt.

*Kastration der Kühe:* Sie erhöht in der Regel Fett und Milchzuckergehalt und verlängert die Laktationsperiode.

### 4. Alter der Kühe.

Mit zunehmendem Alter sinkt der Fettgehalt und die Trockensubstanz der Milch, jedoch in sehr geringem Maße.

### 5. Bewegung und nicht anstrengende Arbeit.

Sie pflegen bei gleichzeitiger Abnahme der Milchmenge den Fettgehalt und die Trockensubstanz der Milch zu erhöhen und die Käsereitauglichkeit zu beeinflussen.

### 6. Stall- und Weidehaltung.

Beim Weidegang der Kühe tritt gegenüber der Stallhaltung je nach der Güte der Weide eine Vermehrung der Milchmenge und ein Ansteigen des Fettgehaltes und der Trockensubstanzmenge ein. Nur unmittelbar nach Weidebeginn kann bis zur Gewöhnung an die neue Art der Nahrungsaufnahme eine bisweilen wesentliche Verminderung des Fettgehaltes beobachtet werden. Weidemilch ist vitaminreicher und in der Regel bakterienärmer. Bei der Alpung in Höhenlagen über 1500 m tritt eine Steigerung des Fettgehaltes ein.

### 7. Melken.

Die zuerst ermolkene Milch ist fettärmer als die gegen Ende des Melkaktes austretende.

Zu einer Melkzeit erhält man, wenn eine längere Pause vorangegangen ist, wohl mehr, aber gewöhnlich fettärmere Milch als nach einer kürzeren Pause. Die Differenzen betragen manchmal 0,5 bis 1% im Fettgehalt und auch mehr. Aus diesem Grunde pflegt die Mittags-

---

[1]) Durchmelkende Kühe sind jene, die, ohne trächtig zu sein, über die durchschnittliche Dauer der Laktationsperiode hinaus gemolken werden.

und Abendmilch gewöhnlich fettreicher zu sein als die Morgenmilch. Es wurde gefunden, daß die Länge der seit der letzten Fütterung dem Tiere zur Verfügung stehende Verdauungspause mit dieser Tatsache im Zusammenhang steht.

Beim Melken durch ungewohntes Melkpersonal und durch Beunruhigung der Tiere kann sich Milchmenge und Fettgehalt wesentlich erniedrigen (Zurückhalten der Milch).

### 8. Witterung.

Extreme Wetteränderungen haben in der Regel ein Sinken des Fettgehaltes der Milch zur Folge, anhaltend große Kälte verursacht ein Ansteigen des Fettgehaltes.

### 9. Fütterung.

Sie hat wohl Einfluß auf die erzeugte Milchmenge, jedoch nur geringe auf die Zusammensetzung der Milch. Reizstoffreiche Futtermittel, Alpengräser und Heu aus größeren Höhenlagen, endlich gewisse Ölkuchen vermögen den Fettgehalt der Milch um ein Geringes nach oben zu verschieben. Nur bei anhaltender ausgesprochener Hungerfütterung sinkt der Gehalt an Fett und auch an Trockensubstanz zugleich mit der Milchmenge. Schroffe Übergänge von einer Fütterungsart zur anderen haben stets Störungen der Milchabsonderung zur Folge.

Eine unzweckmäßige Fütterung mit übermäßigen Mengen von minderwertigem Sauerfutter und Heu von sauren Wiesen oder mit verdorbenen oder sonst ungeeigneten Futtermitteln kann neben Geruch u. a. besonders den Fettgehalt (Sinken bis $2\%$) beeinträchtigen. Derartiges Futter wie auch Rübenabfälle machen die Milch für manche Molkereizwecke untauglich und bisweilen für den Verbrauch ungeeignet. Auf keinen Fall erzeugt wasserreiches Futter „wässerige" Milch.

### 10. An sonstigen Einflüssen

auf die Milchzusammensetzung wäre zu erwähnen, daß nach dem Verwerfen der Kühe, bei Stiersucht, nach Blähung, besonders nach Vornahme des Pansenstiches und bei Maul- und Klauenseuche eine bedeutende Erhöhung der meisten Milchbestandteile unter gleichzeitiger Verringerung der Milchmenge eintritt. Auch Eutererkrankungen, durch verschiedene Ursachen bedingt, ferner schwere innere, fieberhafte Erkrankungen des Tieres, wie Darmkatarrhe und Nierenentzündungen usw., endlich gewisse Formen der Tuberkulose, die Leukämie, die Rinderpocken, vermögen die Zusammensetzung der Milch mehr oder weniger weitgehend zu beeinflussen, in welchen Fällen jedoch der Gefrierpunkt normal bleibt oder sich etwas erniedrigt, nicht aber erhöht. Der Übergang chemischer Gifte (aus im Futter enthaltenen Giftpflanzen) sowie von Arzneistoffen (wie Sennesblätter, Karbolsäure, Aloe usw.) machen die Milch zum Genuß untauglich (s. Milchfehler).

*b) Einflüsse nach erfolgter Sekretion*

### 1. Wärme.

Höhere Wärmegrade rufen in der Milch Veränderungen hervor, die je nach der Intensität und Dauer der Erhitzung mehr oder weniger tiefgehend sind. Die gelösten Gase werden ausgetrieben, der Milchzucker und das Kaseinogen teilweise zersetzt, das Albumin nebst einem Teil der gelösten Kalksalze ausgefällt, die Milchenzyme zerstört und das Lezithin zum Teile gespalten. Die Vitamine werden zum Teil geschwächt (s. S. 8). Die gekochte Milch verliert ihren frischen, angenehmen Geschmack — sie nimmt den sog. „Kochgeschmack" an — und büßt die Eigenschaft ein, durch Labzusatz ein zusammenhängendes Gerinnsel zu bilden. Ein Zusatz von Chlorkalzium stellt das Labgerinnungsvermögen gewöhnlich wieder her.

### 2. Kälte.

Beim Gefrieren entmischt sich die Milch derart, daß die gefrorenen Teile reicher an Wasser und ärmer an Milchbestandteilen als die ursprüngliche Milch, aber auch als die flüssig gebliebenen Teile sind. Gewöhnlich scheidet sich die Milch beim Gefrieren, nach längerem Stehen in der Kälte in drei in ihrer Zusammensetzung stark verschiedene Teile, wie als Beispiel folgende Analyse einer bei — 6⁰ C gefrorenen Milch zeigt:

| | Spezifisches Gewicht | Lichtbrechung des *Ackermann*-Serums | Fett % | Fettfreie Trockensubstanz % |
|---|---|---|---|---|
| Ursprüngliche Milch ...... | 1,0317 | 38,5 | 3,4 | 8,87 |
| Oberes lockeres Eis ....... | 1,0233 | 37,5 | 11,1 | 8,57 |
| Festes Eis an der Wand .. | 1,0165 | 28,0 | 3,2 | 4,92 |
| Flüssig gebliebener Teil ... | 1,0534 | 52,2 | 2,0 | 13,85 |

Nach völligem Auftauen und Wiedervereinigung aller Teile nimmt die Milch ihre frühere Zusammensetzung wieder an. Daraus folgt, daß gefrorene Milch vor der molkereimäßigen Behandlung wie vor dem Verkauf erst vollständig aufgetaut und durchgemischt werden muß. Außergewöhnliche Kälteeinbrüche und andauernde Gefriertemperatur müssen entsprechende Berücksichtigung finden.

Selbstverständlich muß auch vor der Probeentnahme zwecks Untersuchung der Milch unbedingt ein vollständiges Auftauen und Durchmischen vorgenommen werden. Wieder aufgetaute Milch scheint leichter zu verderben als Milch, die nicht gefroren war.

### 3. Licht.

Sowohl rohe, insbesondere aber pasteurisierte und homogenisierte Milch nimmt bei Einwirkung von Sonnenlicht, aber auch von zerstreutem

Tageslicht (namentlich wirksam sind die unsichtbaren, ultravioletten Strahlen) besonders bei Luftzutritt einen unangenehmen, an Lebertran (Jekorisation) erinnernden Geschmack und fremden Geruch an. Diese Veränderungen dürften von einer Verbindung des Milchfettes mit dem Luftsauerstoff herrühren. Gleichzeitig bleicht die Farbe der Milch aus.

Künstlich mit ultraviolettem Licht (bei Luftabschluß in Kohlensäure) bestrahlte und als solche bezeichnete Milch soll Vorzugsmilch (S. 20) sein. Der etwa angepriesene erhöhte Gehalt an D-Vitamin muß nachgewiesen sein.

### 4. Geruchstoffe.

Fremdgerüche, wie sie Desinfektionsmittel, Riechstoffe aller Art (auch Stallgeruch), gewisse Lebensmittel (Gewürze), Petroleum usw. an die Umgebung abgeben, werden von der Milch ungemein leicht angenommen, beeinträchtigen oft tiefgehend deren Geruch und Geschmack und sind auch durch nachträgliches Lüften oder Entgasen nie mehr völlig zu entfernen.

### 5. Mikroorganismen.

Äußerst wichtig ist die Einwirkung der Mikroorganismen, wie Bakterien, Hefen und Schimmelpilzen auf die Milch. Diese sind entweder regelmäßig oder gelegentlich Milchbewohner, vermögen sich in der Milch unter gewissen Bedingungen zum Teile außerordentlich schnell zu vermehren und bewirken dann durch ihre Lebenstätigkeit die verschiedenartigen Veränderungen, sowohl in der Zusammensetzung als in den Eigenschaften der Milch.

Schon im gesunden Euter ist die Milch nicht keimfrei. Sie enthält allerdings dann in der Regel nur harmlose Bakterien; reicher an Keimen erweisen sich die zuerst ermolkenen Anteile (Kapillarwirkung des Zitzenkanals). Den größten Einfluß auf den Keimgehalt der Milch und damit auch auf die Haltbarkeit übt die Reinlichkeit bei der Gewinnung und Aufbewahrung der Milch aus. Es gelingt, von gesunden Kühen durch Desinfektion des Euters, Verwendung sterilisierter Gefäße, sorgfältige Stallüftung und Reinigung der Hände des Melkers, endlich durch Wegmelken der ersten Striche, Milch zu erhalten, die im Kubikzentimeter kaum einige Hunderte Keime enthält, während in schmutziger Milch selbst mehrere Millionen Keime in 1 ccm angetroffen werden können.

Im ersten Stadium nach dem Melken tritt eine Verminderung des ursprünglichen Keimgehaltes ein. Bei höherer Temperatur, 15 bis 40⁰ C, steigt die Keimzahl nach kurzer Zeit auf viele Millionen, ohne daß indessen die Kochfähigkeit oder das gewöhnliche Aussehen der Milch in der Regel sofort leiden würden. Unter den hier in Betracht kommenden Mikroorganismen gibt es sowohl wärmeliebende (thermophile), deren Wachstumsgrenzen zwischen 30 und 80⁰ C liegen und die daher die gebräuchlichen Pasteurisierungstemperaturen zum Teil überstehen, als auch kälteliebende (psychrophile), die sich am besten zwischen 1 und

10⁰ C entwickeln. Solche gegen Hitze und Kälte widerstandsfähige Keime können unter Umständen in großen Mengen in der Milch auftreten und die normale Milchflora unterdrücken. Bei normalem Sauerwerden der Milch entwickeln sich vorzüglich die Milchsäurebakterien so rasch, daß sie bald erhebliche Mengen Milchsäure bilden und dadurch etwa vorhandene, mehr oder minder schädliche Mikroorganismen, wie Milchfehlererreger, Labbakterien und Fäulnisbakterien, in ihrer Entwicklung hemmen. Gewisse Hefe- und Bakterienarten sind imstande, in der Milch eine Alkoholgärung hervorzurufen und dadurch die Tätigkeit der Milchsäurebakterien und somit die Säurebildung in der Milch stark zu hemmen oder zu unterdrücken (s. unten). Die Milchsäurebakterien werden bald durch die fortschreitende Milchsäurebildung selbst in ihrer Entwicklung beeinträchtigt. Bei Luftabschluß, auch schon bei Aufrahmung und wenn die Milchsäurebakterien nur spärlich zugegen sind, nehmen die die Buttersäuregärung der Milch verursachenden luftscheuen Bazillen (Anaërobier) überhand. Endlich ist in Betracht zu ziehen, daß die Milch trotz der üblichen Art der Sterilisierung oder Pasteurisierung regelmäßig noch lebende Dauersporen enthält, deren spätere Entwicklung zwar das Aussehen der Milch anfangs nicht direkt beeinflußt, diese aber in anderer Richtung unbrauchbar machen kann (hieher gehören z. B. die Gruppe der Kartoffelbazillen, aber auch nichtsporenbildende Stäbchen).

In erhöhtem Maße gilt das von der Dauerpasteurisierung, bei welcher der größte Teil der hitzefesten Bakterien (Streptokokken, Langstäbchen, Tetrakokken) am Leben bleibt.

Die wichtigsten durch Mikroorganismen bewirkten Veränderungen in der chemischen Zusammensetzung und in der sonstigen Beschaffenheit der Milch sind:

1. Das *Sauerwerden* oder die freiwillige Gerinnung der Milch wird durch die Tätigkeit der Milchsäurebakterien und die hiedurch ausgelöste Milchsäurebildung bewirkt. Das Wachstum dieser Mikroorganismen ist im hohen Grade von der Temperatur abhängig und am stärksten bei 25 bis 35⁰ C. Unter 12⁰ C bildet sich nur mehr wenig, über 50⁰ C gar keine Milchsäure. Bei 80 bis 85⁰ C werden die meisten Milchsäurebakterien in kurzer Zeit getötet. Gewisse zu dieser Gruppe gehörige Arten vermögen Milchsäure und Essigsäure zu bilden. Das Umsichgreifen der die Milch säuernden Bakterien,[1]) unter anderen Streptococcus lactis cremoris, inulinaceus, Streptobacterium casei, aber auch Streptococcus faecium, bovis, liquefaciens und thermophilus, sowie Angehörige der Coli-Aërogenes-Gruppe, in alter Milch auch anderer Keime, kommt im Säuregrad mehr oder weniger genau zum Ausdruck.

Über die Mikroflora der gegorenen Milchgetränke s. S. 35.

---

[1]) Die Nomenklatur der apathogenen Bakterien erfolgt nach *Orla Jensen* und *W. Henneberg*.

2. Die durch Labbakterien ohne Säuerung hervorgerufene *gallertige Gerinnung* der Milch (sog. süße Gerinnung). Das hiebei ausgeschiedene Kasein wird gewöhnlich durch die weitere Einwirkung der Bakterien langsam abgebaut.

3. Die Bildung von *Buttersäure* durch gewisse Anaërobier kann häufig bei mehrere Tage alter pasteurisierter Milch oder auch bei sehr unrein gewonnener Rohmilch beobachtet werden.

4. Die *Bildung von Alkohol*, die auf die Entwicklung einiger Milch-zucker vergärender Hefen zurückzuführen ist. Man bedient sich ihrer bei der Herstellung verschiedener schwach alkoholhaltiger, säuerlich schmeckender Milchgetränke, wie Kefir, Kumys usw. (s. S. 35).

5. Das Auftreten gewisser *Milchfehler*, die nachstehend zusammen-hängend besprochen werden.

### 6. Milchfehler

Darunter versteht man Veränderungen der Milch in irgendeiner Beziehung, die, meist schon sinnlich wahrnehmbar, häufig auch ihre Verwendung zu Nahrungszwecken ausschließen. Sie lassen sich zweck-mäßig in folgende Gruppen einteilen:

#### a) Farbfehler

1. Rote Milch. Der rote Farbstoff wird in der Milch von ver-schiedenen Mikroorganismen gebildet. Auch die Aufnahme mancher Futterpflanzen kann Rotfärbung verursachen.

2. Sogenanntes Blutmelken tritt auf, wenn die Kühe an gewissen Euterentzündungen oder an Blutharnen leiden, oder wenn man ihnen gewisse Arznei- und Futtermittel mit Reizwirkung verabreicht, ferner bei Verletzungen des Euters durch rohes Melken, Stoßen usw., oft un-mittelbar nach der Geburt und unter physiologisch ganz normalen Ver-hältnissen.

3. Blaue Milch. Blaue Milch tritt auf nach Besiedelung der Milch mit gewissen Mikroorganismen.

4. Gelbe Milch. Die normal gelblichweiße Farbe der Kuhmilch kann in eine fleckiggelbe oder orangegelbe Färbung übergehen bei Wachstum von gewissen Mikroorganismen in der Milch.

Um Verwechslungen mit diesen bakteriellen Abweichungen zu ver-meiden, sei erwähnt, daß die Milch normalerweise unmittelbar nach der Geburt (Kolostrum), ferner bei ausschließlicher Grünfütterung und nach Aufnahme von größeren Mengen von Möhren, Mais oder Labkraut gleichmäßig gelblich gefärbt ist. Auch bei Krankheiten der Milchtiere kann es zur Gelbfärbung der Milch kommen, so bei Gelbsucht (gelbgrün-lich). Durch Eiter in der Milch ist deren Farbe zuweilen gelb bis gelb-bräunlich.

5. Braune Milch wird durch B. fuscus *Flügge* bewirkt.

### b) *Geschmacks- und Geruchsfehler*

1. **Salzige Milch**, nebstbei oft rässe (räse) Milch (Rässe). Bei gewissen Krankheiten der Milchdrüse, aber auch, wenn die Kühe „altmelkend" werden, weist die Milch einen abnorm hohen Kochsalzgehalt bei vermindertem Milchzuckergehalt auf und schmeckt salzig.

2. **Bittere Milch.** Sie wird hervorgerufen durch Mikroorganismen, durch gewisse Erkrankungen des Euters und der Geschlechtsorgane und kann bisweilen durch Kastration (Effemination) behoben werden. Auch die Aufnahme von Bitterstoffen aus dem Futter (z. B. nicht entbitterter Lupine, Haferstroh) kann zu diesem Geschmacksfehler führen.

3. **Ranzige Milch.** Ranziger Geschmack, ein aus verschiedenen Ursachen häufig auftretender Fehler. Gewisse Mikroorganismen und gewisse Erkrankungen, sowie die Verfütterung ranziger Ölkuchen, auch das Altmelkendsein der Kühe können die Entstehung dieses Fehlers verursachen oder begünstigen.

4. **Schmirgelige Milch** (oder richtig ölig-talgige Milch). Die Milch zeigt zuweilen süßlichen Geschmack mit einem talgigen oder zusammenziehenden Nachgeschmack verbunden. Dieser Fehler ist in der kalten Jahreszeit (Herbst bis Frühjahr) besonders häufig. Er stellt sich in der Regel erst nach Kühlung und längerem Stehen der Milch ein und erreicht bisweilen einen solchen Grad, daß die Milch zum menschlichen Genusse unverwendbar wird. Bei der Entstehung dieses Fehlers spielen geringe Metallmengen (Kupfer, Messing) eine gewisse Rolle. In vielen Fällen gelang es, durch Vermeidung einer Verunreinigung der Milch durch fein verteiltes Metall den Fehler zu verhüten.

5. **Rübengeschmack.** Bei unrationeller Fütterung von Steckrüben, Wasserrüben oder Rübenschnitten und selbst von Runkelrüben, bisweilen aber auch, wenn Rüben nicht gefüttert werden, nimmt die Milch einen scharfen, mehr oder minder stechenden Rübengeschmack an.

6. **Talgige Milch.** Der sog. „Talggeschmack" rührt von der Bildung milchsaurer Eisensalze, z. B. in rostigen Kannen, von der Entwicklung gewisser Mikroorganismen oder auch von übermäßiger Belichtung her.

7. **Seifige Milch.** Wenn die Milch laugenhaft, seifig oder widerlich seifigsüß schmeckt, spricht man von „seifiger" Milch. Der Fehler tritt einige Stunden nach dem Melken sowohl bei Zimmertemperatur als auch in der Kälte und nicht selten zusammen mit Ranzigkeit auf.

8. **Faulige Milch.** Dieser Fehler ist auf die Tätigkeit gewisser Bakterien zurückzuführen. Auch bei Rübenfütterung und bei manchen Euterleiden ist er beobachtet worden.

9. **Fischige oder tranige Milch.** Als Ursache des sehr seltenen Trangeschmackes der Milch wird der Übertritt gewisser Geschmacksstoffe des Futters in die Milch sowie auch die Tätigkeit im Euter vorkommender Bakterien angenommen.

10. Stickige oder erstickte Milch. Wenn die Milch, besonders in frisch gemolkenem, nicht gekühltem Zustande in geschlossenen Gefäßen stehen gelassen wird, „erstickt" sie, d. h. sie nimmt einen scharfen, unangenehmen Geruch an, der durch die Tätigkeit anaërober und fakultativ anaërober Bakterien verursacht wird und besonders unmittelbar nach dem Öffnen der Gefäße hervortritt.

11. Stallgeschmack. Dieser Milchfehler wird durch die Kotbakterien, besonders bei Durchfall der Milchkühe hervorgerufen und ist stets ein sicheres Zeichen mangelhafter Reinlichkeit oder zu langen Verweilens der Milch im Stalle.

12. Andere Geschmacks- und Geruchsfehler. Hieher gehört der von gewissen Bakterien hervorgerufene Geschmack oder Geruch nach Erdbeeren, der sehr bald in einen fauligen Geruch und Geschmack übergeht. Auch nimmt die Milch aus gewissen Futterstoffen (sowohl indirekt als auch durch Kontaktwirkung) und aus der sie umgebenden Luft wie auch aus den Gefäßen sehr leicht fremde Gerüche auf, z. B. Petroleum, Karbolineum, Karbolsäure, Teer, Jodoform, Lysol, Chlorkalk usw. Auch infolge Verwendung von mangelhaft verzinnten oder neuen Milchgefäßen schmeckt die Milch bisweilen nach Metall. Selbst der Geruch der an sich weniger stark riechenden, schwachen Formalinlösung, wie sie bei der Desinfektion der Ställe gebraucht wird, kann bisweilen in die Milch übergehen, weshalb auch hier Vorsicht geboten ist.

*c) Konsistenzfehler*

1. Gärende und schäumende Milch. Dieser Fehler ist gekennzeichnet durch reichliche Gasbildung und wird durch die meist aus Kuhkot stammenden Coli- und Aërogenesarten, gelegentlich auch durch aus dem entzündeten Euter stammende Mikrokokken oder saprophytische Hefearten veranlaßt, welche alkoholische Gärung erzeugen. Die Gärung tritt besonders bei höherer Temperatur und längerer Aufbewahrung ein.

2. Schleimige, fadenziehende Milch. Unter dem Einflusse gewisser Bakterien nimmt die Milch einige Zeit nach dem Melken eine schleimige, fadenziehende Beschaffenheit an. Die Milch kann aber auch bereits beim Ausmelken schleimig sein; dann liegt eine schwere Euterentzündung vor.

3. Flockige und grießige Milch. Dieser durch Eutererkrankungen hervorgerufene Milchfehler besteht im Auftreten von feineren oder gröberen Flocken, die aus bodensatzbildenden Epithelzellstücken sowie größeren und härteren Teilchen von geronnenem Kasein bestehen.

4. Käsige Milch. Das Käsigwerden der Milch beruht auf einer ohne Säurebildung vor sich gehenden Gerinnung. Es tritt gewöhnlich in gekochter und pasteurisierter Milch auf und rührt von Labbakterien her, die der Milch einen bitteren Geschmack und einen unangenehmen Geruch verleihen.

5. **Abnorm leicht gerinnende Milch.** Eine Infektion mit schnell wachsenden Milchsäurebakterien oder auch mit ebensolchen säure- und labbildenden Bakterien bewirkt eine im Vergleich zu normaler Milch verhältnismäßig rasche Gerinnung.

6. **Nicht gerinnende Milch und schwer zu verbutternder Rahm.** Das Auftreten dieses Fehlers wird auf Bakterien zurückgeführt, die anscheinend durch Streu und Futter, namentlich bei Weidegang, aus der Erde in die Milch gelangen und die durch Proteolyse das Kaseinogen der Milch in einen schwer gerinnbaren Zustand versetzen.

7. **Ansauer aus dem Euter tretende Milch.** Dieser Fehler wird einer anormalen Euterflora zugeschrieben.

8. **Alkalische Milch** wird bei manchen Sekretionsstörungen abgesondert. Der Gehalt an Milchzucker ist erniedrigt, der an Chloriden erhöht, die Reaktion gegen Lakmus ist alkalisch.

### d) Sonstige Fehler

1. **Giftige Milch.** Giftig wirkende Arzneistoffe, aus dem Futter stammende Pflanzengifte und Stoffwechselprodukte gewisser Mikroorganismen, weiters giftige Metalle (aus mangelhaft verzinnten oder vorschriftswidrig [s. S. 81] gelöteten Milchkannen) können in die Milch übergehen und sie gifthaltig machen.

2. **Mit tierpathogenen Krankheitskeimen infizierte Milch.** Für den Verkehr mit solcher Milch gelten die einschlägigen gesetzlichen Bestimmungen (Tierseuchengesetz, Rinderpestgesetz, Lungenseuchengesetz und Min.-Vdg. BGBl. Nr. 90/1931). Ferner bedingen alle fieberhaften Erkrankungen der Milchtiere besondere Beachtung, weil bei ihnen eine Ausscheidung von Infektionsstoffen, Toxinen und giftigen Stoffwechselprodukten mit der Milch zu befürchten ist.

Der infektiöse Abortus der Kühe, ausgelöst durch Bacterium abortus infectiosi *Bang*, dem Erreger des seuchenhaften Verwerfens bei Rindern, kann beim Menschen, durch Milchgenuß übertragen, die sog. *Bang*sche Krankheit hervorrufen.

Gewisse Euterentzündungen können nach Milchgenuß auch bei Menschen Erkrankungen hervorrufen.

Von den *Infektionskrankheiten des Menschen* vermögen einige, wie z. B. Typhus und Tuberkulose, durch die Milch Verbreitung zu finden. Am häufigsten sind Typhusinfektionen. Die Keime dieser Krankheit gelangen entweder durch infiziertes Wasser oder durch die Berührung mit Typhuskranken und Rekonvaleszenten (bei sog. „Dauerausscheidern" auch oft mehrere Jahre nach deren Genesung) oder durch „Typhusbazillenträger" in die Milch.

### b) Kindermilch

Als Kindermilch (Vorzugsmilch, Säuglingsmilch, Kurmilch usw.) darf nach den Bestimmungen der Ministerial-Verordnung vom 25. März

1931, BGBl. Nr. 90, nur Milch verkauft oder feilgehalten werden, welche aus Betrieben stammt, deren Personal, deren Tiere und deren Einrichtungen unter amtlicher ärztlicher und tierärztlicher Aufsicht stehen und denen vom Landeshauptmann bescheinigt worden ist, daß die Gewinnung und Behandlung der Milch vom gesundheitlichen Standpunkt einwandfrei ist. Bei der Gewinnung von Kindermilch sind die nachstehenden Richtlinien[1]) zu beachten:

## 1. Art der Milch

Kindermilch ist ausschließlich Kuhmilch und soll stets Mischmilch mehrerer Tiere sein.

## 2. Beschaffenheit der Milchtiere

Die für Kindermilcherzeugung verwendeten Tiere sollen mit einem eigenen Hornbrand versehen werden, wenn sie nicht schon eine Kennzeichnung (Hornbrand, Ohrmarke, Ohrtätowierung) besitzen, die es dem kontrollierenden Amtstierarzt ermöglicht, festzustellen, daß keine für die Kindermilcherzeugung zugelassene Kuh durch eine andere ohne seine Zustimmung ersetzt wurde. Im gleichen Stall dürfen Kühe, die anderen Zwecken dienen, und Tiere anderer Art nicht eingestellt werden.

Die Milchtiere müssen klinisch gesund, insbesondere frei von den in § 4 der genannten Verordnung aufgezählten Erkrankungen sein und sich in einem guten Ernährungszustande befinden.

Vor Heranziehung der Tiere zur Kindermilchgewinnung sind sie der Tuberkulinprobe durch Subkutanimpfung zu unterziehen; an den negativ reagierenden Tieren ist frühestens nach vier Wochen die Augenprobe mit Tuberkulin durchzuführen. Nur die auch hiebei negativ reagierenden Tiere sind, ihre sonstige Eignung vorausgesetzt, zur Kindermilcherzeugung brauchbar. Ferner ist vor dem Einstellen der Tiere in den Stall mindestens während zweier aufeinanderfolgender Tage zur gleichen Melkzeit die Viertelmilch (Einstrichmilch) auf normale Beschaffenheit der Sekretion nach Aussehen, Reaktion, Chlorgehalt oder Leitfähigkeit, mikroskopischen Befund des Sedimentes im gefärbten Ausstrichpräparat (Färbung mit Thioninlösung, nach *Gram* und nach *Ziehl-Neelson*) und durch Aussaat steril entnommener Proben auf *Seelemann*-Agar zu untersuchen.

Die eingestellten, brauchbar befundenen Tiere sind weiterhin monatlich vom Tierarzt zu untersuchen und jährlich durch Tuberkulinproben zu prüfen.

Die Milch von Kühen, die weniger als 3 Liter Tagesmelkung ergeben oder nur einmal täglich gemolken werden oder die binnen zwei Monaten voraussichtlich kalben werden, ist nicht mehr als Kindermilch zu verwenden. Hochträchtige Kühe sind aus dem Stall zu entfernen und

---

[1]) Erlaß des Bund.-Min. f. soz. Verw. vom 9. Mai 1931, Zl. 39.217—8/31.

dürfen erst wieder 14 Tage nach dem Abkalben dahin zurückgebracht werden. Ist diese Frist verstrichen, so kann die Milch zur Gewinnung von Kindermilch Verwendung finden, sofern durch Untersuchung der Viertelgemelke ihre Verwendbarkeit hiefür festgestellt ist. Kühe, an denen die Kälber saugen, dürfen während dieser Zeit und noch drei Tage darnach nicht als Kindermilchkühe verwendet werden.

Im Falle einer seuchenhaften Erkrankung der Milchtiere an einer im Sinne des Gesetzes vom 6. August 1909, RGBl. Nr. 177, anzeigepflichtigen Seuche gelten für die Behandlung der Milch die einschlägigen Bestimmungen dieses Gesetzes und der dazu erlassenen Durchführungsverordnungen. Die Milch derart erkrankter Tiere darf keinesfalls als Kindermilch in den Verkehr gebracht werden, ebenso auch nicht die Milch von Kühen, die von einer seuchenhaften, nicht anzeigepflichtigen Krankheit befallen sind. Erkrankte Tiere sind sofort aus dem Stall zu entfernen; ihre Milch ist bis zur tierärztlichen Entscheidung von der Verwendung als Kindermilch auszuschalten.

Milchtiere, welche Medikamente bekommen, die in die Milch übergehen (wie z. B. Kampfer, Terpentinöl, Arsen- und Antimonverbindungen, Opium, Salizylsäure, Helleborus, Veratrin, Borsäure, Jodsalze u. dgl.), ferner Tiere, die irgend fehlerhafte Milch geben, sind von der Kindermilchgewinnung auszuschließen; desgleichen Tiere, die verworfen haben, so lange, bis die Abwesenheit von Bact. abortus *Bang* festgestellt ist. Rindernde (stierige) Kühe sollen während der ersten zwei Tage der Brunst, schwer arbeitende Tiere und Kühe, die älter als 12 Jahre sind, sollen nicht zur Kindermilcherzeugung herangezogen werden. Die Milchtiere sind tadellos rein zu halten und regelmäßig zu putzen. Sie sollen täglich durch längere Zeit (mindestens eine Stunde) ins Freie gebracht werden.

### 3. Stallungen

Kühe zur Kindermilchgewinnung müssen in besonderen, nur der Erzeugung solcher Milch dienenden Stallungen eingestellt sein, die den nachstehenden Forderungen entsprechen.

Die Lage des Stalles soll den Forderungen der Bauhygiene entsprechen; menschliche Wohnstellen sollen von ihnen getrennt sein. Düngerstätten, Jauche- und Senkgruben, Aborte und Schweineställe sollen derart und so weit von ihnen entfernt liegen, daß Gefährdung der ermolkenen Milch durch ihre Nähe nicht besteht. Jedenfalls sollen sie vom Stalle aus nicht in der Hauptwindrichtung liegen. Außer dem Hauptstallraum muß ein Kontumazstall mit besonderem Eingang, ferner auch ein Abkalb- und Kälberstall vorhanden sein. Eine besondere Futterkammer und eine Milchkammer sind erforderlich. Die Zubereitung und Aufbewahrung von Futterstoffen und die Kühlung sowie Aufbewahrung von Milch im Stalle wären zu verbieten. Schon das Seihen der Milch in die Milchständer soll außerhalb des Stalles geschehen.

Putzgeräte sollen nicht im Stall aufbewahrt werden. Schlafstätten für Wartepersonen im Stall sind unzulässig. Der Stallraum soll 20 m³ für jede Kuh betragen, die Fensterfläche wäre mit $^1/_3$ m² für jeden Kuhstand zu bemessen. Der Stall soll auch mit guten künstlichen Beleuchtungseinrichtungen ausgestattet sein. Durch regelbare Zu- und Abluftkanäle, deren Querschnitt mindestens 100 cm² für jede Kuh betragen soll, wäre ein ausreichender Luftwechsel im Stall auch ohne Tür- und Fensteröffnung sicherzustellen. Die ausreichende Lüftung ist an der Trockenheit des Mauerwerkes und an dem Fehlen von Schwitzwasser zu erkennen. Ungünstige Stalltemperaturen sind zu vermeiden. Der Fußboden soll 15 cm über der Bodengleiche liegen und ist bei den Ständen am besten nochmals zu erhöhen. Er soll wasserdicht, nicht zu glatt und gegen Wärmeverlust nach unten wirksam isoliert sein. Hinter den Ständen, deren Länge der Körperlänge der Tiere zu entsprechen hätte, soll zunächst eine leicht geneigte Fläche liegen, dann eine Jaucherinne mit gutem Gefälle ziehen, die unter Geruchverschluß in einen Kanal mündet.

Die Futterkrippen vor den Ständen sollen niedrig, höchstens 25 cm hoch sein und frei stehen. Die Ankettung der Tiere soll in einer Weise erfolgen, daß Kot und Urin außerhalb der Stände abfallen. Die Jaucherinne soll täglich dreimal, bei Weidegang zweimal gereinigt werden.

Die Futtertröge sollen aus dauerhaftem Stoff, wie Ton, Zement, Glas, emailliertem Eisen, hergestellt und so geformt sein, daß sie leicht zu reinigen sind. Holz soll in der Regel im Innern des Stalles als Bau- und Einrichtungsmaterial vermieden werden.

Die Wände sollen bis zu 1½ m Höhe waschbar hergestellt sein und, soweit sie waschbar sind, auch täglich abgewaschen werden; in den höheren Teilen sind die Wände mindestens zweimal jährlich zu kalken. Alle Kanten und Ecken sollen abgerundet und leicht zu reinigen sein.

Die als Streu verwendeten Stoffe sollen von guter Beschaffenheit, rein, unverdorben und trocken, aber nicht staubend sein und täglich ausgewechselt werden. Zu vermeiden sind: gebrauchtes Bettstroh, Laubheu u. dgl.

Die Reinigung des Stalles muß mindestens eine halbe Stunde vor Beginn des Melkens beendet sein.

Der Stall muß mit Wasserleitung und besonderen Handwaschvorrichtungen für die Melker versehen sein. Waschbehelfe, Seife, Bürsten und Handtücher sind in ausreichender Menge zur Verfügung zu stellen. Der Stall soll von Ungeziefer und von Fliegen freigehalten werden.

Der Besitzer oder verantwortliche Leiter von Kindermilch erzeugenden Stallungen soll über entsprechende fachliche Befähigung und Ausbildung verfügen.

## 4. Fütterung

Die Fütterung der Milchtiere soll nur mit guten Futtermitteln erfolgen, die unverdorben sind, die Gesundheit der Kühe nicht schädigen und keinen ungünstigen Einfluß auf die sinnfällige Beschaffenheit der Milch und ihre Eignung als Kindernahrung ausüben. Ausgeschlossen von der Fütterung sind sog. „milchtreibende Stoffe", ferner zu lang eingeweichte Kraftfuttermittel, Schlempe, nasse Biertreber, Melasse (Melassemischfutter), Rübenschnitzel, Rübenblätter, Gärfutter, Sauerfutter, nicht erprobtes Ensilagefutter, Obstabfälle, feuchtes Stroh, Baumwollsaatkuchen, Mohnkuchen, gehäckseltes Heu mit Giftpflanzen (wie z. B. Herbstzeitlose und Wolfsmilch), Kartoffelkraut, Erdnußkuchen, Krautstrünke, befallener Klee, ranzige Ölkuchen und Leguminosenschrot.

Gute Futtermittel sind: gutes Grünfutter, Kleesorten, Mischling, mäßige Mengen von grünem Mais, süßes Heu und Grummet, Kleeheu, gutes Häcksel, zulässiges Kraftfutter, Kochsalz (30 g pro Tag), Futterkalk.

Zulässige Bei- und Kraftfutter sind: Weizenkleie, Getreideschrot, guter Maisschrot, in geringer Menge Leinkuchen, Leinmehl, Palmkerne, Kokoskuchen, Sesamkuchen, Sonnenblumensamenkuchen, Kürbiskernkuchen, gute trockene Malzkeime bis 1 kg im Tag, Runkelrüben (Futter- und Zuckerrüben) bis 20 kg im Tag, gute Trockenschnitte.

Eine Anfeuchtung der Futtermittel darf nur unmittelbar vor der Fütterung stattfinden, ausschließliche Trockenfütterung ist zu vermeiden. Im Sommer muß Grünfutter verwendet werden und soll womöglich Weidegang stattfinden; im Winter ist das Grünfutter durch Rüben, insbesondere Wrucken, Kohlrüben und Kohlblätter teilweise zu ersetzen. Jeder Futterwechsel ist allmählich durchzuführen.

## 5. Wasser

Die Wasserentnahmestelle, aus der das zum Tränken der Tiere, zur Händereinigung der Melker und zu Reinigungsarbeiten im Stalle und an den Milchgeräten verwendete Wasser geschöpft wird, muß den Anforderungen der Hygiene vollkommen entsprechen. Über die Eignung der Wasserversorgungsanlage zu diesem Zwecke muß ein amtliches Gutachten vorliegen. Mindestens einmal im Jahre ist eine amtliche Überprüfung der Wasserversorgungsanlage vorzunehmen.

## 6. Melken

Das Melken darf erst eine halbe Stunde nach erfolgter Stallreinigung beginnen und darf mit der Trockenfütterung nicht zusammenfallen. Beschmutzte Euter sind vor der Melkung gründlich und mit Benützung einer geeigneten Seifenlösung und unter Vermeidung der Wiederverwendung gebrauchter Waschmittel lauwarm zu waschen. Nach dem

Waschen ist das Euter sorgfältig abzutrocknen. Eine keimarme Milch ist aber nur zu erzielen, wenn die ganze Stallhaltung auf ständige Reinhaltung der Kühe eingerichtet ist. Der Schwanz der Tiere ist festzubinden. Die Melker haben im allgemeinen der Reinhaltung ihrer Hände Sorgfalt zuzuwenden und die Nägel kurz und rein zu halten, insbesondere vor dem Melken Hände und Arme mit Seife und fließendem, sanitär einwandfreiem Wasser zu reinigen und mit einem reinen Handtuch zu trocknen. Eine nur für die Handpflege bestimmte Bürste ist in einer nicht stark riechenden, ungiftigen Desinfektionslösung (etwa in einer zweiprozentigen Formalinlösung) eingelegt, bereit zu halten. Melker mit Wunden und Hautausschlägen an Händen und Unterarmen dürfen in Kindermilchbetrieben nicht beschäftigt werden. Melkmaschinen sind zulässig, wenn sie in sachgemäßer Weise sorgfältig rein gehalten werden.

Der Melker muß für die Dauer der Melkarbeit eine reine Melkjacke anziehen und eine Melkmütze aufsetzen. Beim Melken soll der Kopf nicht an die Kuh angestützt werden.

Die ersten ermolkenen Anteile der Milch sind in gesonderten Gefäßen aufzufangen und unschädlich zu beseitigen. Auf keinen Fall darf in die Streu gemolken werden.

### 7. Milchbehandlung

Nach dem Melken ist die Milch sofort in einen besonderen, rein gehaltenen und gut gelüfteten Aufbewahrungsraum zu bringen. Sie wird dort am besten durch ein frisches Wattefilter geseiht und dann mittels eines Tiefkühlers oder durch Einstellen in eisgekühltes Wasser auf eine Temperatur unter $+ 7^0$ C abgekühlt, wobei darauf zu achten ist, daß kein Schmelzwasser in die Milch gelangt und daß nur hygienisch einwandfreies Eis verwendet wird. Zusätze von chemischen Konservierungsmitteln jeder Art zur Milch sind unstatthaft. Das Abfüllen auf Flaschen (Kannen) und deren Verschließen muß unmittelbar nach dem Melken und Kühlen der Milch im Erzeugungsbetriebe selbst erfolgen.

### 8. Milchgeschirre

Alle Geschirre, die mit der Milch in Berührung kommen, dürfen nur diesem Zwecke dienen und müssen bezeichnet sein. Als Melkeimer sind nur gedeckelte Gefäße zu verwenden, die mit einer Einmelköffnung mit Sieb und Wattefilter versehen sind. Eimer, Kannen u. dgl. sollen aus einwandfreiem Material, z. B. mit technisch reinem Zinn verzinntem Eisenblech, hergestellt und völlig rostfrei sein. Kannendeckel müssen gut schließen. Alle verwendeten Dichtungen müssen einwandfrei, Gummidichtungen insbesondere blei- und zinkfrei sein. Transportkannen sind gemäß der Ministerialverordnung BGBl. Nr. 528/1921 mit Plombenverschluß zu versehen.

Kindermilch soll nur in entsprechend bezeichneten Flaschen aus farblosem Glas (für den Großverkauf an Anstalten, z. B. Krankenanstalten u. dgl., auch in Originalkannen) mit einem den Rand übergreifenden, gegen unberechtigtes Öffnen sichernden, leicht abnehmbaren und (bei Kannen) leicht zu reinigenden Verschluß in den Verkehr gebracht werden. Auf den Verschlußmarken soll das Datum der Gewinnung ersichtlich sein. Nach dem Gebrauche sind alle Gefäße, die mit Milch in Berührung gekommen sind, insbesondere die Milchflaschen, auf das sorgfältigste mit reinem Wasser auszuspülen, hierauf in geeigneter Weise, z. B. mit Bürste und heißer Sodalösung (zweiprozentig) und schließlich durch wiederholtes Nachspülen mit fließendem Wasser zu reinigen. Blechgefäße sollen sodann wenn möglich mit Dampf, Glasflaschen mit heißer Luft getrocknet werden. Die trockenen Geschirre sind staubfrei außerhalb des Stalles aufzubewahren. Die Bürsten sind nach Gebrauch zu brühen.

### 9. Personal

Die Personen, die bei der Gewinnung, Behandlung und dem Abfüllen der Kindermilch beschäftigt sind, sind vor der Aufnahme ärztlich zu untersuchen. Insbesondere ist hiebei auf Tuberkulose und Syphilis zu achten. Personen, die an ekelerregenden oder ansteckenden Krankheiten leiden, dürfen in Kindermilchbetrieben nicht beschäftigt werden. In der Folge ist der Gesundheitszustand des Personals vierteljährlich zu überprüfen. Auch bei leichten Erkrankungen des Personals ist sofort der überwachende Arzt zu verständigen.

Personen, die Krankheitskeime ausscheiden (Bazillenträger, Dauerausscheider), ferner Personen, die mit Krankenpflege beschäftigt sind oder mit Infektionskranken in Berührung kommen, dürfen in Kindermilchbetrieben nicht beschäftigt werden.

Erkrankt eine im Betriebe beschäftigte Person an einer der im § 23 des Gesetzes, RGBl. Nr. 67/1913 (Epidemiegesetz), oder im Gesetz, BGBl. Nr. 449/1925, genannten Krankheit oder unter dem Verdachte einer solchen, so darf bis zur Entscheidung der zuständigen Behörde aus dem Betriebe keine Milch in den Verkehr gebracht werden. Wenn Fälle von Typhus, Paratyphus, Ruhr, Cholera, Scharlach und Diphtherie im Gebäude der Betriebsstätte oder gehäuft in dessen Nähe vorkommen, so ist die Abgabe von Milch als Kindermilch nur mit Bewilligung der zuständigen Behörde zulässig.

### 10. Transport (Anlieferung)

Die Anlieferung hat so rasch als möglich zu geschehen; während der Aufbewahrung und tunlichst auch während des Transportes ist für Kühlung zu sorgen, so daß die Temperatur der Milch 12⁰ C nicht übersteigt.

### 11. An die Milch zu stellende Anforderungen (Untersuchungen)

Kindermilch muß Vollmilch von tadelloser Beschaffenheit sein. Sie soll im rohen Zustand in Verkehr gebracht werden.

Kindermilch darf zur Zeit der Abgabe an die Verbraucher höchstens 8 Säuregrade nach *Soxhlet-Henkel* aufweisen und muß binnen 7 Stunden bei der Reduktaseprobe nach *Schardinger* (bei 37° C) blau bleiben. Bei Wattefiltration von mindestens einem halben Liter darf kein sichtbarer Schmutz auf der Wattescheibe zurückbleiben. Milch, die bei der Katalaseprobe (15 ccm Milch und 5 ccm 1-prozentige Wasserstoffsuperoxydlösung, bei 22° C gehalten) binnen zwei Stunden mehr als 2 ccm Gas entwickelt, ist verdächtig, daß sie krankhafte Milch beigemolken enthält.

Die Zahl der Mikrobienkolonien in Zählplattenkulturen auf Fleischwasseragar bei 37° C soll bei Aussaat der Milch in entsprechenden Verdünnungen binnen zwei Tagen und bezogen auf 1 ccm unverdünnter Milch im Mittel von zwei Bestimmungen 50000 nicht wesentlich überschreiten.

Bei der Bestimmung des Gärungstiters müssen mindestens 3 unter 10 Aussaaten von je 0,1 ccm der hundertfach verdünnten Milch in Milchzuckeragarkulturen bei Bebrütung durch 48 Stunden frei von Gasbildung bleiben. Auch diese Untersuchung hat in zweifacher Ausführung zu erfolgen.

Die Grundlage zu einer Beanstandung von Kindermilch nach ihrem Keimgehalt und Gärungstiter ist erst durch die Mittelzahlen der Untersuchungen von 3 Milchproben gleicher Herkunft gegeben.

Der Gehalt der Kindermilch an Fett und an fettfreier Trockensubstanz soll in den Jahresmittelwerten, wie sie für die Lieferungen der einzelnen Betriebe auf Grund der Untersuchungen allwöchentlich in den Verschleißstellen entnommener Stichproben sich ergeben, nicht wesentlich unter jenen Jahresmittelwerten liegen, die nach den statistischen Erhebungen der zuständigen Untersuchungsanstalten für die in ihrem Tätigkeitsgebiet erzeugte Vollmilch anzunehmen sind. Diese Untersuchungen erfolgen unbeschadet der Kontrolle, die sonst bei Kindermilch zur Sicherung ihrer unverfälschten Beschaffenheit erforderlich ist.

### 12. Aufsicht

Im Kindermilchbetriebe hat eine beständige Aufsicht mit fortlaufender Eintragung in ein besonderes Buch (Kartothek) stattzufinden. Die Aufsicht umfaßt:

1. Ärztliche Kontrolle des Personales: Untersuchung vor der Aufnahme, vierteljährliche ärztliche Untersuchung, fallweise ärztliche Untersuchung bei Erkrankungen;

2. Tierärztliche Kontrolle der Milchtiere: Untersuchung vor der Einstellung und Untersuchung der Einstrichgemelke, Tuberkulinreak-

tion vor der Einstellung, alljährliche Wiederholung der Tuberkulinreaktion, Agglutination des Blutserums auf Bact. abortus *Bang*, monatliche Untersuchung der Tiere und der Einstrichgemelke, Kontrolle der Fütterung der Tiere;

3. Sonstige amtliche Kontrolle: eine mindestens einmal jährlich vorzunehmende Überprüfung der Wasserversorgungsanlage und fallweise chemisch-physikalische, bakteriologische und biologische Milchuntersuchung.

### c) Saure Milch

Die saure Milch wird durch natürliche Säuerung der rohen Milch oder aus erhitzter Milch durch Impfung mit echten Milchsäurebakterien hergestellt. Sie soll den Käsestoff in gleichmäßig geronnenem Zustande enthalten und einen angenehmen säuerlichen Geschmack, wie er durch einen Säuregrad von etwa 20 bis 40° S. H. bedingt wird, besitzen.

### d) Rahm (Obers, Sahne, Schmetten)

Rahm ist ein Produkt, das durch Stehenlassen (Aufrahmen) oder Ausschleudern (Zentrifugieren) der Milch als fettreichster Teil neben Magermilch abgeschieden wird.

Im Handel kommt süßer und saurer Rahm vor. Letzterer wird aus süßem Rahm durch natürliche oder künstliche Säuerung mit Reinkulturen von echten Milchsäurebakterien hergestellt. Süßen Rahm nennt man auch „Obers", sauren Rahm manchenorts auch „Rahm" schlechtweg.

Das spezifische Gewicht des Rahmes ist infolge seines hohen Fettgehaltes niedriger als das der Vollmilch. Der Fettgehalt, der hauptsächlich den Handelswert bestimmt, schwankt von 8 bis 50 Prozent. Die fettärmste Sorte süßen Rahmes, auch „Kaffeerahm" oder „Obers" schlechtweg genannt, muß mindestens 8 Prozent, die mittlere Qualität, als „Teerahm" oder „Teeobers" bezeichnet, mindestens 15 Prozent, die beste, das „Schlagobers", mindestens 28 Prozent und saurer Rahm mindestens 8 Prozent Fett enthalten. Die übrige chemische Zusammensetzung ändert sich dem Fettgehalt entsprechend.

Zusammensetzung des Rahmes (bei verschiedenem Fettgehalt):

| | | | | |
|---|---|---|---|---|
| Fett ............................. | 15,0 | 20,0 | 25,0 | 29,6 Prozent |
| Wasser .......................... | 77,3 | 72,9 | 68,5 | 67,5 „ |
| Stickstoffhaltige Stoffe ........... | 3,2 | 3,0 | 2,8 | 1,3 „ |
| Milchzucker ...................... | 3,9 | 3,6 | 3,3 | 1,5 „ |
| Mineralbestandteile .............. | 0,6 | 0,5 | 0,4 | 0,1 „ |

Süßer Rahm darf beim Aufkochen nicht gerinnen. Der Säuregrad guter Ware beträgt gewöhnlich 4,5 bis 6° S. H., während der des sauren Rahmes gewöhnlich 36 bis 38° S. H. beträgt. Gutes Schlagobers zeichnet sich durch eine bestimmte Festigkeit, Schwellfähigkeit und Beständigkeit nach dem Schlagen aus. Ein Zusatz von Konservierungsmitteln oder von anderen fremden Stoffen, wie z. B. Farbstoffen, Rahmverdickungsmitteln (Mehl, Stärke, Zuckerkalk, Eialbumin, Gelatine, Tragant, Pektin usw.) und fremden Fetten, ist nicht erlaubt. Zur eventuellen Verdünnung darf nur frische Milch oder frische Magermilch verwendet werden.

Der aus Molke abgeschiedene Rahm kann einen Fettgehalt zwischen 26 und 41 Prozent haben und von Milchrahm dadurch unterschieden werden, daß ersterer beim ruhigen Stehen in einem engen Glase unten Molke, letzterer aber Magermilch abscheidet.

### e) Magermilch

Magermilch ist die durch jeden Fettentzug aus Milch gewonnene Milchflüssigkeit. Der Fettentzug kann durch natürliche Aufrahmung oder Zentrifugieren erfolgen. Bei der durch Aufrahmung gewonnenen Magermilch kann der Fettgehalt bis auf 0,6 Prozent, bei Zentrifugenmagermilch bis auf wenige Hundertstel-Prozente herabgesetzt werden. Auch eine Mischung von Milch und Magermilch ist als Magermilch anzusehen. Ein Zusatz von Konservierungsmitteln oder anderen fremden Stoffen ist unstatthaft.

Abgesehen vom Fett und den darin angereicherten Bestandteilen enthält Magermilch die Milchbestandteile in fast genau demselben Verhältnis wie die zugehörige Milch. Die Magermilch wird als solche genossen oder zur Erzeugung von Topfen (Quark), saurer Magermilch oder verschiedener Milchpräparate, aber auch in der Bäckerei bei Herstellung des Weißbrotes, Zwiebacks usw. verwendet. Magermilch muß in deutlich erkennbarer Weise als solche bezeichnet sein.

### f) Buttermilch

Buttermilch ist die als Nebenerzeugnis beim Verbuttern von saurem oder süßem Rahm oder saurer Milch zurückbleibende, schwach gelbe Milchflüssigkeit, die neben den Resten des Milchfettes alle übrigen Milchbestandteile, jedoch in veränderten Gewichtsverhältnissen enthält.

Über die Zusammensetzung der Buttermilch, die ebenso wie ihr Geschmack u. a. von der Art und Beschaffenheit des Butterungsgutes, von der Butterungstemperatur und -dauer, von der Art des verwendeten Butterfasses, dem Maß seiner Füllung, der Umdrehungszahl abhängig ist, gibt die folgende Zusammenstellung ein orientierendes Bild (s. S. 30 oben).

Einwandfreie Buttermilch ist reich an Reduktasen und Katalasen, hat einen mehr oder weniger stark hervortretenden säuerlichen und angenehmen, sämigen Geschmack. Die Sämigkeit der Buttermilch wird auf ihren Fettgehalt und den Quellungszustand des in ihr enthaltenen, durch besondere leichte Verdaulichkeit ausgezeichneten Kaseins zurückgeführt. Buttermilch kommt auch eingedickt und als Pulver im Handel vor.

Spezifisches Gewicht bei 15⁰ C (im Mittel) .... 1,035,

Spezifisches Gewicht des Spontanserums bei 15⁰C   1,030,

Wasser ........................................ 91,2 Prozent

Milchzucker ................................... 4,00    „

Gesamtstickstoffsubstanz ...................... 3,50    „

Fett.......................................... 0,2 bis 0,8  Prozent

Milchsäure ................................... 0,66 Prozent

Reinasche..................................... 0,7      „

Chlor ........................................ 0,12     „

Lezithinphosphorsäure ($P_2O_5$) ................ 0,0167 „

Säuregrade (S. H.) ........................... 20 bis 40

### g) Molke

Die bei der Verarbeitung der Milch auf Käse als Nebenerzeugnis ablaufende oder ausgepreßte, durchsichtig grünliche (fettarme) oder undurchsichtige, milchige Flüssigkeit heißt Molke. Je nach ihrer Herkunft von der Lab- oder Sauermilchkäserei unterscheidet man Süß- oder Labmolke und Sauer- oder Quarkmolke, welche in frischem Zustande folgende Zusammensetzung aufweisen:

| | **Labmolke** | **Quarkmolke** |
|---|---|---|
| Spez. Gewicht bei 15⁰C . | 1,027 bis 1,030 | 1,027 bis 1,030 |
| Wasser ................ | 93 „ 94 Prozent | 94 „ 95 Prozent |
| Trockensubstanz ....... | 6 „ 7 „ | 5 „ 6 „ |
| Fett bis .............. | 0,8 „ | belanglose Mengen |
| Fettfreie Trockenmasse .. | 6,0 „ | 5 bis 6 Prozent |
| Asche ................ | 0,5 bis 0,7 Prozent | 0,7 „ 0,8 „ |
| Milchzucker ........... | 4,5 „ 5,0 „ | 3,8 „ 4,2 „ |
| Säuregrade (S. H.)...... | zirka 4⁰ | nach Säuregrad der verwendeten Milch |
| Milchsäure ............ | belanglose Mengen | 0,8 Prozent |
| Eiweiß................ | 0,8 bis 1,0 Prozent | 0,8 bis 1,1 „ |
| Zitronensäure.......... | 0,1 „ | 0,1 „ |

Das bisweilen und namentlich bei der Hartkäsebereitung in der Molke zurückbleibende Fett kann ihr durch natürliches Aufrahmen, Zentrifugieren oder, wenn auch unvollständig, durch „Vorbrechen", d. i. durch Zusatz von 1 bis 2 Prozent Sauermolke und Erhitzen auf 80 bis 86⁰ C entzogen werden.

Lab- und Sauermolke finden als diätetisches Nahrungsmittel und für die Herstellung von Molkenbrot Verwendung. In kälteren Klimaten wird ungesäuerte, frische, der Hartkäsebereitung entstammende Labmolke mit Erfolg zur Milchzuckererzeugung benützt. Auch die Verwendung der Molke als Ausgangsmaterial für Milchsäurefabrikation hat lokale Bedeutung erlangt. Der Kalkgehalt der Molke ist größer, wenn sie aus frischer, als wenn sie aus pasteurisierter oder gekochter Milch bereitet wird.[1])

Anhang: Kolostrum

Kurz vor der Geburt und eine Zeitlang nach der Geburt scheiden die Milchdrüsen der Kuh und auch anderer weiblicher Säugetiere ein ebenfalls zur Ernährung der jungen Tiere dienendes Sekret ab, das sich nach Beschaffenheit und Zusammensetzung wesentlich von der Milch unterscheidet und Kolostrum, Kolostralmilch, Biestmilch oder Erstlingsmilch benannt wird.

Ungefähr 6 bis 10 Tage nach der Geburt hört die Kolostrumbildung beinahe auf, doch dauert es bisweilen bis zu drei Wochen, ehe die letzten Reste des Kolostrums aus der Kuhmilch verschwunden sind. In der Praxis gilt als Kennzeichen der beendeten Umwandlung das Ausbleiben einer stärkeren Ausscheidung von Albuminflocken beim Kochen der Milch, was nach 6 bis 10 Tagen der Fall ist.

Das Kolostrum ist konsistenter als die Milch, zuweilen schleimig und meist gelblich oder durch Blut rötlichbraun gefärbt. Es hat einen eigentümlichen, salzigen Geschmack, oft einen scharfen Geruch, reagiert gegen Lakmus sauer und gerinnt beim Erhitzen leicht. Unter dem Mikroskop weist es außer den Fetttröpfchen, die häufig zu traubenartigen Gebilden zusammengeklebt erscheinen, und den S. 8 genannten zelligen Elémenten regelmäßig und in größeren Mengen die besonders charakteristischen „Kolostrumkörperchen" auf, die sich von den Epithelzellen hauptsächlich durch einen gelben Farbstoff und eine dichte Fetttropfeneinlagerung unterscheiden; ihre Größe beträgt meist 5 bis 27 $\mu$, ausnahmsweise bis zu 47 $\mu$.

Nach Wiedereintritt der normalen Milchabsonderung trifft man die Kolostrumkörperchen nur hie und da vereinzelt an, doch können sie gelegentlich, wenn die Entleerung der Drüsen längere Zeit unterbleibt oder bei gewissen Störungen in der Milchbildung vorübergehend wiederum in größeren Mengen auftreten.

Das spezifische Gewicht des Kolostrums ist ein sehr hohes; es liegt kaum jemals unter 1,040, erreicht jedoch selten einen Wert über 1,080. Der Säuregrad beträgt durchwegs über 10° S. H., doch geht das spontane Sauerwerden nur schwer vor sich. Der Gefrierpunkt ist zuweilen erniedrigt, die elektrische Leitfähigkeit zuweilen erhöht.

Die chemische Zusammensetzung ist großen Schwankungen unterworfen. Bemerkenswert ist der bedeutende Gehalt an nicht eiweißartigen Stickstoffverbindungen, wie Lezithin u. dgl., und an Cholesterin, der zusammen ein Fünftel bis ein Sechstel des als Rohfett bezeichneten Ätherextraktes ausmacht. Wegen seines Reichtums an Mineralbestandteilen wirkt Kolostrum gelinde abführend. Das Kolostrum rahmt

---

[1]) *Magee Hugh Edward* und *D. Harvay*, Biochem. Journ. 20, 873, 1926.

schlecht auf und läßt sich nur unvollständig oder gar nicht verbuttern. Die Fettkügelchen sind oft abgeplattet, bisweilen auch angegriffen oder mit einer halbmondförmigen Kappe versehen. Die Kennzahlen des Fettes liegen zwischen denen des Milchfettes und des Körperfettes. Während der Kolostralperiode steigt der Gehalt der Milch an Enzymen, besonders an Katalasen und Diastasen, sehr bedeutend an, eine Tatsache, auf die sich ein Verfahren zum Nachweis von Kolostrum in der Milch gründet.

Der Verkauf von Kolostrum, für sich allein oder mit Milch vermischt, für Genußzwecke ist unstatthaft.

## B. Milch anderer Tierarten

### a) Ziegenmilch

Ziegenmilch hat eine weiße Farbe und oft einen eigentümlichen, „böckelnden" Geruch und Geschmack. Das spezifische Gewicht schwankt stärker als das der Kuhmilch; die Fettkügelchen sind kleiner und es fehlt ihnen der eigentümliche gelbe Farbstoff. Die Ziegenmilch enthält nur Spuren von Methylenblau-Reduktase.

Die chemische Zusammensetzung erhellt aus folgenden Zahlen:

|  | Nach: | | | |
|---|---|---|---|---|
|  | *Fleischmann* | *Scheurlen* | *Parastschuk* | |
| Spezifisches Gewicht .... | 1,0320 | 1,0313 | 1,0335 | |
| Wasser ................ | 85,80 | 87,11 | 85,16 | Prozent |
| Trockensubstanz ....... | 14,20 | 12,89 | 14,84 | ,, |
| Fett................... | 4,50 | 4,45 | 5,45 | ,, |
| Gesamteiweiß .......... | 5,00 | 3,67 | 3,48 | ,, |
| Kasein................. | 3,80 | 2,00 | 3,05 | ,, |
| Albumin und Globulin ... | 1,20 | 1,67 | 0,43 | ,, |
| Milchzucker ........... | 4,00 | 4,09 | 5,12 | ,, |
| Mineralbestandteile...... | 0,70 | 0,72 | 0,79 | ,, |

Schwankungen im spezifischen Gewicht wurden beobachtet von 1,028 bis 1,036 und im Fett von 2,00 bis 7,5 Prozent. Der Gefrierpunkt liegt bei etwa $-0,56^0$ C (k = 1,86).

### b) Schafmilch

Schafmilch hat eine gelblichweiße Farbe und einen ihr eigentümlichen Geruch und Geschmack. Sie ähnelt der Ziegenmilch, ist aber noch etwas gehaltreicher als diese. Der Einfluß der Rasse und Individualität auf die Zusammensetzung macht sich hier noch mehr geltend als bei der Kuhmilch. Im Fettgehalt wurden z. B. Schwankungen von 2 bis 12,5 Prozent, im spezifischen Gewicht solche von 1,0315 bis 1,0425 beobachtet.

## II. Milchzubereitungen und Milchkonserven

Die Milchzubereitungen enthalten stets die Milch als Hauptbestandteil; meist bestehen sie überhaupt nur aus Milch.

### A. Sterilisierte Milch

Sterilisierte Milch ist eine durch Erhitzen keimfrei und dadurch haltbar gemachte Milch. Sie muß als sterilisiert gekennzeichnet sein und in ihrer Zusammensetzung die Eigenschaften der hocherhitzten Milch aufweisen. Mitunter wird sie vor dem Sterilisieren auch homogenisiert (s. unten), was gleichfalls zu kennzeichnen ist.

### B. Homogenisierte Milch

Das „Homogenisieren" der Milch besteht in der maschinellen Zerkleinerung der Milchfettkügelchen und deren feinster Verteilung in der Milch unter Verwendung hohen Druckes. Es bewirkt, daß die Milch fast nicht mehr aufrahmt und bei der Beförderung nicht ausbuttert. Auch homogenisierte Milch muß in ihrer Zusammensetzung die Eigenschaften der Milch aufweisen und muß entsprechend gekennzeichnet sein.

### C. Kondensierte Milch

Kondensierte Milch und kondensierte Magermilch werden durch Eindicken mit oder ohne Zusatz von Verbrauchszucker im luftverdünnten Raum bei 45 bis 50° C bereitet. Die Eindickung pflegt etwa auf ein Drittel bis ein Fünftel des ursprünglichen Volumens fortgesetzt zu werden. Man füllt in Blechbüchsen, bei gezuckerter Kondensmilch auch in Holzfässer ab und verschließt luftdicht. Das ungezuckerte Produkt muß noch einer nachträglichen gründlichen Erhitzung zum Zwecke der Entkeimung, bzw. Haltbarmachung unterzogen werden, was nicht ohne Einfluß auf Farbe, Geschmack und chemische Zusammensetzung ist; Konservierungs- oder Neutralisierungsmittel dürfen nicht zur Verwendung gelangen. Der Zusatz von Fremdfetten ist unstatthaft. Gute Ware soll beim Neigen der Dose noch fließen und sich beim Vermischen mit der drei- bis fünffachen Menge warmen Wassers zu einer gleichmäßigen, milchigen Flüssigkeit auflösen. Ungezuckerte kondensierte Milch muß mindestens auf die Hälfte ihres ursprünglichen Volumens eingedickt sein und daher mindestens 7,5 Prozent Fett und 24,5 Prozent Trockenmasse enthalten. Gezuckerte kondensierte Milch muß bei einem Höchstwassergehalt von 25 Prozent mindestens 8 Prozent Fett und mindestens 21,5 Prozent fettfreie Milchtrockenmasse, gezuckerter kondensierter Rahm muß mindestens 15 Prozent Fett und darf höchstens 25 Prozent Wasser enthalten. Gezuckerte kondensierte Magermilch darf einen Höchstwassergehalt von 25 Prozent haben und muß mindestens 26 Prozent Milchtrockenmasse enthalten.

Eine nicht seltene Erscheinung ist das Ausbuttern des Fettes in den Dosen. „Bombierte" Dosen sowie in Gärung begriffene kondensierte Milch, dann solche mit abnormalem Geschmack, Geruch, Aussehen und solcher Konsistenz sind vom Lebensmittelverkehr auszuschließen.

Die Bezeichnung von kondensierter Magermilch oder von Mischungen von kondensierter Milch und Magermilch als kondensierte Milch, die von gezuckerter kondensierter Milch als kondensierte Milch schlechtweg oder als reine oder als ungezuckerte kondensierte Milch und endlich die von eingedampfter Molke als kondensierte Milch ist unzulässig. Die Bezeichnungen aller dieser Milcharten haben, gleichgültig, ob es sich um inländische oder ausländische Erzeugung handelt, in deutscher Sprache zu erfolgen. Erzeugnisse, welche den für kondensierte Milch geforderten Fettgehalt nicht besitzen, sind als „kondensierte Magermilch" zu bezeichnen.

## D. Blockmilch

Blockmilch ist eine gezuckerte, schnittfeste Milchpaste mit mindestens 12 Prozent Fett, die bis zu 16 Prozent Wasser enthält. Sie kann mit einem 1 Prozent der Gesamtmenge nicht überschreitenden Überzug von Kakaobutter versehen sein.

## E. Trockenmilch

Trockenmilch (Milchpulver) und Trockenmagermilch werden durch möglichst vollständiges Verdunsten des Wassers der Milch bzw. Magermilch in besonders konstruierten Apparaten hergestellt und enthalten etwa 4 bis 6 Prozent Wasser. Trockenmilch muß mindestens 25 Prozent Fett in der Trockensubstanz enthalten. Ein eventueller Zusatz von Alkalikarbonaten ist zulässig, muß aber gekennzeichnet werden.

Die Gewinnung der Trockenmilch erfolgt nach zwei verschiedenen Methoden:

a) Nach dem Walzenverfahren wird die Milch über langsam rotierende, mit Dampf geheizte Walzen herablaufen gelassen, wobei das in der Milch enthaltene Wasser verdampft; die Trockenmilch wird unten mit einem Schabmesser von der Walze abgenommen;

b) nach dem Zerstäubungsverfahren wird die Milch mittels eines Injektors in einen luftverdünnten Raum gespritzt, dessen Temperatur zirka 30° C beträgt, wobei der Wasserdampf abgesaugt wird. Die Trockenmilch fällt hiebei in feinster Verteilung zu Boden. Dieses Verfahren hat den Vorteil, daß die so gewonnene Trockenmilch in Wasser leicht und vollkommen löslich ist, was bei dem erstgenannten Verfahren nicht der Fall ist.

Die Trocken-Vollmilch wird leicht ranzig, weshalb man häufig eine teilweise entrahmte Milch verarbeitet; allerdings muß dann der Fettgehalt angegeben werden.

Mischungen von Trockenmilch und Trockenmagermilch müssen die Angabe des Fettgehaltes tragen und müssen ebenso wie Trockenmagermilch als solche bezeichnet sein.

Die Verwendung von Konservierungsmitteln ist unstatthaft, ebenso ein Gehalt an artfremdem Fett.

## F. Säuglingsmilch und diätetiche Milchpräparate

Unter Verwendung von Vorzugsmilch (s. S. 20) wird eine Reihe von Getränken erzeugt, die den Zweck verfolgen, Säuglingen, Kranken und Rekonvaleszenten eine leicht verdauliche Nahrung zu geben. Hiezu werden je nach den Bedürfnissen einzelne Bestandteile der Milch, wie Fett, Zucker und Eiweiß, in dem Präparat angereichert oder vermindert.

## G. Gegorene Milchgetränke

Gegorene Milchgetränke werden sowohl aus roher als erhitzter Milch oder Magermilch bereitet. Die derzeit wichtigsten sind Joghurt, Kefir und Acidophilusmilch.

### a) Joghurt

ist ein ursprünglich in den Balkanländern nur aus Schafmilch hergestelltes, rein milchsaures, nicht schäumendes und nicht alkoholhaltiges, aus Kuh-, Büffel-, Ziegen- oder Schafmilch hergestelltes Milchgetränk. Die hochpasteurisierte (95° C) oder auch abgekochte, mitunter etwas eingedickte oder unter Zusatz von Trockenmilch bereitete und auf Flaschen gefüllte Milch wird auf etwa 40 bis 45° C abgekühlt, mit den Joghurtpilzen (Thermobacterium bulgaricum, Thermobacterium Joghurti und Streptococcus thermophilus) versetzt, bei einer Temperatur von 45° C (Optimum) 3 bis 5 Stunden lang stehengelassen und hierauf während 3 bis 4 Stunden an einem kühlen Ort aufbewahrt. Dieses sehr dickflüssige Milcherzeugnis hat einen angenehmen, erfrischenden, säuerlichen und aromatischen Geschmack. Der Milchsäuregehalt schwankt zwischen 0,6 bis 0,9 Prozent (entsprechend einem Säuregrad von 30 bis 40 S. H.). Guter Joghurt soll keine Hefen und keine Oospora (Oidien), wohl aber muß er die oben erwähnten Joghurtpilze (Maya) in hinreichender Menge und in lebendem Zustand enthalten. Das Herstellungsdatum soll angegeben werden.

### b) Kefir

ist ein ursprünglich aus dem Kaukasus stammendes, milchsaures (1 Prozent), schäumendes (Kohlensäure) und schwach alkoholhaltiges (0,2 bis 0,8 Volumprozent) Milchgetränk, erzeugt durch milchzuckervergärende Hefearten unter Mitwirkung von dreierlei stäbchenförmigen Milchsäurebakterienarten (wovon eines Betabacterium caucasicum ist), dreierlei Milchsäurestreptokokken (str. cremoris, lactis und eine Mittelform) und eines, lange Fäden bildenden, sporenlos gewordenen Heubazillus.

Er wird aus gekochter Milch oder Magermilch (Magerkefir) erzeugt. Guter, vorschriftsmäßig bei Zimmertemperatur (20⁰ C) bereiteter Kefir hat in frischem Zustande Rahmkonsistenz, länger gegorener Kefir schmeckt stark sauer und schäumt stark. Von dem Alter (Gärdauer) hängt die physiologische Wirkung auf den Darm ab.

### c) Acidophilusmilch

ist ein von Amerika zu uns gekommenes saures Milchgetränk, gesäuert durch das im Säuglingsdarm häufig vorkommende Bacterium acidophilum. Die Bereitung erfolgt wie bei Joghurt, jedoch geht die Reifung bei 37⁰ C vor sich. Sie hält sich längere Zeit mild sauer und es wird ihr eine leichte Verdaulichkeit nachgerühmt, die auf einen höheren Gehalt an stärker abgebautem Eiweiß als bei den anderen Sauermilchpräparaten zurückgeführt wird.

Anmerkung: Von anderen Sauermilchgetränken seien M a z u n und K u m y s erwähnt, die sich vom Kefir durch den reichlichen Gehalt milchzuckervergärender Torulaarten unterscheiden, ferner kommt auch gegorene Milch, bei welcher sich das Eiweiß in einem weitgehend abgebauten Zustande befindet, in den Handel.

## 2. Probeentnahme
### I. Allgemeine Vorschriften

Von einer richtig ausgeführten Probeentnahme hängt das Ergebnis der ganzen Untersuchung ab, es sind deshalb die unten angegebenen Regeln, welche alle in der Praxis vorkommenden Fälle berücksichtigen, aufs genaueste zu beachten. (Bezüglich Probeentnahme für die bakteriologische Untersuchung s. S. 59).

Da Milch bei längerem ruhigen Stehen sich durch Aufrahmen entmischt, muß sie vor jeder Probeentnahme gründlich durchgemischt werden. Ebenso ist an den Wänden und am Deckel der Transportgefäße abgesetzter Rahm in der übrigen Flüssigkeit gut zu verteilen. Hat sich an der Oberfläche eine Rahmschicht gebildet, so muß diese gut mit der Milch vermischt und diese, wenn nötig, durch ein Sieb gegossen werden, um ein vollständiges und gleichmäßiges Verteilen des Rahmes zu bewirken; auch frisch ermolkene Milch muß gut durchgemischt werden.

Eine teilweise oder ganz gefrorene Milch muß vollständig aufgetaut und vor der Entnahme der Probe gründlich gemischt werden.

Die Milch einzelner Kühe schwankt von einer Melkzeit zur anderen und auch von einem Tag zum anderen in ihrer Zusammensetzung. Daher darf bei der Ermittlung des Durchschnittsfettgehaltes der Milch einer Herde nie die Milch einzelner Kühe zur Probe herangezogen und bei der Ermittlung des Durchschnittes einer Tagesmilch nicht ein einzelnes Gemelk berücksichtigt werden.

Die Flaschen, in denen die Proben versandt werden, sind im Sommer fast voll zu füllen. Verbleibt ein großer leerer Raum in der Flasche, so tritt in warmer Zeit leicht Ausbuttern ein. Im Winter dürfen bei strengerer Kälte die Flaschen nicht ganz gefüllt werden, da sie beim Gefrieren der Milch sonst leicht zerspringen.

Die entnommenen Milchproben verwahrt man in sorgfältig gereinigten und getrockneten Glas- oder Aluminiumflaschen unter dichtem Verschluß und führt sie ehestens der Untersuchung zu. Ist dies unmöglich, so müssen die Proben entweder in Eis gestellt oder nach *Gangl*[1]) durch Zusatz von 0,5 ccm einer Mischung von 1 Raumteil Formalin und 7 Raumteilen destillierten Wassers oder von 3 Tropfen unverdünntem Formalin auf je 300 ccm konserviert werden. Art und Menge des zugesetzten Konservierungsmittels sind der Untersuchungsstelle unbedingt bekanntzugeben. Größere Mengen von Formalin sind unbedingt zu vermeiden, da sonst bestimmte Untersuchungen, wie die Bestimmung des Fettgehaltes und des Gefrierpunktes, entweder überhaupt nicht oder nur mangelhaft durchgeführt werden können.

Will man die Milch lediglich zur Bestimmung des Fettgehaltes längere Zeit, etwa einen Monat lang, aufbewahren, so eignet sich eine Mischung von 85 Teilen kaltgesättigter Kaliumbichromatlösung und 15 Teilen 40-prozentiger Formaldehydlösung besonders gut als Konservierungsflüssigkeit. Die anzuwendende Menge ist bis 4 Tropfen für 50 ccm Milch. Wo es sich um die Konservierung von Proben handelt, deren Eiweißgehalt bestimmt werden soll, wie z. B. in Käsereien, wird zweckmäßig Kaliumbichromat verwendet. Um Verwechslungen vorzubeugen, ist auch hier unter allen Umständen auf der Milchflasche Menge und Art des angewendeten Konservierungsmittels ersichtlich zu machen. Auf diese Zusätze und ihre Menge muß selbstverständlich bei der Untersuchung gebührend Rücksicht genommen werden.

Die Menge der zu entnehmenden Probe hat sich nach dem Untersuchungszweck zu richten. Soll der Fettgehalt allein bestimmt werden, so genügen 50 bis 100 ccm. Für die Untersuchung auf Verfälschung benötigt man wenigstens 200 ccm, sollen noch andere Untersuchungen ausgeführt werden, 500 ccm.

Wo es sich um die Entnahme amtlicher Proben handelt, liegt es in allseitigem Interesse, gelegentlich der Probenziehung nicht nur die üblichen auf die Herkunft, Menge, Verpackung und Bezeichnung der Milch bezüglichen Daten zu erheben, sondern, wenn irgend möglich, auch darüber Auskunft zu erlangen, von wieviel Kühen und von welchem Gemelk die betreffende Sendung stammt. Erforderlichenfalls ist die Partei dahin zu belehren, daß sie durch die wahrheitsgetreue Beantwortung der einschlägigen Fragen unter Umständen Beanstandungen ihrer Ware vermeidet. Bei jeder Einsendung von Proben ist ebenfalls

---

[1]) Aus einem Vortrag im Verein österr. Chemiker v. 5. III. 1927.

die Herkunft, die Menge, aus der die Probe stammt, und bei Milch-belieferungen aus der Erzeugungsstätte auch anzugeben, von wieviel Kühen und von welcher Melkung die betreffende Sendung herrührt und ob es sich um eine Kontroll- oder Stallprobe handelt. Bei erhitzter Milch ist dieser Umstand und die Art der Erhitzung unbedingt anzugeben.

Von den Milcherzeugnissen sind 40 bis 50 g zu entnehmen und in einem Glasgefäß mit luftdichtem Verschluß zu verpacken. Von kondensierter Milch, die in Büchsen in den Verschleiß kommt, ist je eine Büchse als Probe auszuwählen, bei größeren Sendungen sind aus mindestens 10 Prozent der Kisten je eine Dose wahllos zu entnehmen und zu untersuchen. Analog ist bei Trockenmilch vorzugehen. Im allge-meinen finden sowohl bei der Ziehung der Muster von Milchpräparaten als auch bei jener von kondensierter Milch die für Milch niedergelegten Grundsätze sinngemäß Anwendung.

## II. Besondere Vorschriften

Die Probe ist zu nehmen:

A. Von der Milch einer Lieferung eines einzelnen Lieferanten:

a) Die Milch befindet sich nur in einer Milchkanne. Man führt einen Rührer (durchlöcherte Scheibe, welche in der Mitte mit einem Stiel versehen ist) bis auf den Boden des Milchgefäßes und bewegt ihn von unten nach oben und umgekehrt und entnimmt nach gründlichem Mischen mit einem bis auf den Boden des Milchgefäßes geführten Schöpflöffel die zur Probe nötige Milchmenge.

b) Die Milch befindet sich in mehreren Milchkannen. Die Milch aller Kannen wird in einem größeren Gefäße vereinigt, die gesamte Milch umgerührt und, wie unter a) angegeben, die Probe entnommen.

Ist kein größeres Gefäß vorhanden, so rührt man die Milch jeder Kanne wie unter a) angegeben durch und nimmt aus jeder Kanne einen dem Inhalt entsprechenden Teil. Aus den vereinigten Teilproben wird die gut durchgemischte Untersuchungsprobe entnommen.

B. Von der Milch mehrerer Lieferungen eines einzelnen Liefe-ranten.

Am zweckmäßigsten ist es, wenn von jeder Lieferung eine Probe untersucht wird. Die einzelnen Proben sind dann sorgfältig zu bezeichnen.

C. Von der Milch der Lieferungen mehrerer Lieferanten.

Von der Milchlieferung jedes Lieferanten wird nach den angegebenen Regeln von jeder Lieferung eine ausreichende Probe entnommen.

## III. Vorschriften für die Entnahme der Stallprobe

Für alle jene Fälle, in denen die Beschaffung einer einwandfreien Vergleichsprobe nötig ist, ist eine „Stallprobe" vorzunehmen. Hierunter versteht man eine zur entsprechenden Melkzeit tunlichst vom gleichen Melkpersonal unter sachkundiger Aufsicht, von sämtlichen im gleichen

Stalle befindlichen fraglichen Tieren entnommene Probe des Gesamtgemelkes.

Die Entnahme der Stallprobe hat unter folgenden Vorsichtsmaßregeln zu erfolgen:

1. Die Stallprobe ist bei Verdacht der Entrahmung an drei aufeinander folgenden Tagen und spätestens nach 3 Tagen vorzunehmen. Bei Verdacht eines Wasserzusatzes gelingt es in der Regel auch noch nach längerer Zeit, durch Entnahme einer Stallprobe eine einwandfreie Vergleichsprobe zu erhalten.

2. Die Tiere sind vollständig und ununterbrochen auszumelken. Die verwendeten Melkeimer dürfen kein Wasser enthalten.

3. Die Durchschnittsprobe ist, wie früher angegeben, zu entnehmen. Das Revisionsorgan soll sich von der Tatsache überzeugen, daß die Tiere vollständig ausgemolken wurden.

4. Die Zahl der Tiere, von denen die Milch herrührt, deren Rasse, Laktationsstadium, Fütterungsweise und ob sie zur Arbeit Verwendung finden, ist zu erheben. Auch sind etwaige Änderungen in den Lebensbedingungen der Tiere (Futterwechsel, Rindern usw.), vor kurzem aufgetretene Krankheiten, besonders des Euters, zu erheben.

# 3. Untersuchung

Der Umfang der Untersuchung der Milch richtet sich nach dem Untersuchungszweck und es ist dieser bei der Einsendung von Milchproben an die Untersuchungsanstalten für jede Probe unbedingt bekanntzugeben (z. B. Untersuchung auf Fettgehalt, Untersuchung auf Verwässerung und Entrahmung, auf Neutralisationsmittel, auf Konservierungsmittel, auf Geruch und Geschmack usw.). Wird eine bakteriologische Untersuchung verlangt, so ist anzugeben, warum sie erfolgen soll.

## I. Sinnenprüfung

Die Sinnenprüfung (Geruch, Geschmack, Aussehen) ist nur bei genügender Erfahrung und stärkerer Abweichung von einwandfreier Milch zu verwerten. Die Temperatur der Milch bei der Kostprobe soll etwa $20^0$ C betragen.

## II. Physikalische Untersuchung

### A. Spezifisches Gewicht

Das spezifische Gewicht wird mittels des Pyknometers, der *Mohr-Westphal*schen Waage oder mit einem geprüften „Laktodensimeter" (Milcharäometer, Milchspindel) nach *Soxhlet* bei $15^0$ C, bezogen auf Wasser von $15^0$ C, ermittelt.[1] Hat die Milch bei der Prüfung nicht

---

[1] Hiezu eignen sich nur solche Laktodensimeter, deren Skalenteile mindestens 5 mm Abstand haben. Instrumente mit engerer Teilung sind wegen der Ungenauigkeit der Ablesung abzulehnen.

40

genau 15⁰ C, so muß sie entweder auf diese Temperatur gebracht werden oder die bei einer höheren oder tieferen Temperatur gemachte Ablesung auf 15⁰ C korrigiert werden. Hiefür gibt es eigene Korrektionstabellen (s. S. 87), doch darf bei genauer Arbeit die Temperatur der Milch um nicht mehr als 5⁰ C nach oben oder unten von 15⁰ C abweichen.

Das spezifische Gewicht soll frühestens 5 Stunden nach dem Melken und Abkühlen der Milch ermittelt werden. Bei der stichprobenweisen Überprüfung der Milch in den Sammelstellen sind daher die Proben der zu prüfenden Milch beiseite zu stellen und erst nach einigen Stunden zu prüfen. Ebenso ist das spezifische Gewicht unmittelbar nach dem Pasteurisieren niedriger als einige Zeit nachher.

Wird ein und dieselbe Milch, die richtige Probeentnahme vorausgesetzt, an verschiedenen Orten, zu verschiedener Zeit und mit verschiedenen Laktodensimetern überprüft, so können Differenzen in den gefundenen Werten vorkommen, die sich aus der Verschiedenheit auch geprüfter Laktodensimeter (Abweichungen bis 0,0003 sind zulässig) durch die Art der Milchdurchmischung vor der Prüfung, durch Ablesungsfehler und durch das Alter der Milchprobe erklären. Diese Differenzen können bis zu 0,001 betragen, sind aber nur dort zu berücksichtigen, wo es sich darum handelt, festzustellen, ob eine Milch auf die Laktodensimeteranzeige allein als gewässert oder als einer Wässerung verdächtig erscheinen mußte.

Das spezifische Gewicht wird in der Molkereipraxis auch Grädigkeit der Milch genannt, wobei z. B. unter einer Grädigkeit von 32 ein spezifisches Gewicht von 1,0320 verstanden wird.

Bei geronnener Milch führt das Verfahren nach *Weibull*[1]) zuweilen zum Ziel. Es beruht darauf, das Koagulum durch Zusatz von 10 Volumprozenten konzentrierten Ammoniaks aufzulösen und das spezifische Gewicht dieser Lösung zu bestimmen, worauf das spezifische Gewicht der ursprünglichen Milch nach der Formel

$$S = \frac{(M + A)\, S_1 - A\, S_2}{M}$$

berechnet wird; hiebei bedeutet $M$ das Volumen der Milch in Kubikzentimetern, $A$ jenes des Ammoniaks, $S_1$ das spezifische Gewicht der Milchammoniakmischung und $S_2$ jenes des angewendeten Ammoniaks.

Die durch natürliche oder künstliche, fast vollständige Abscheidung des Fettes und Käsestoffes aus der Milch erhaltene, mehr oder weniger klare, gelbgrünliche Flüssigkeit, das Milchserum, hat bei 15⁰ C ein spezifisches Gewicht von 1,026 bis 1,030 (je nach dem Durchmischungsumfang). Infolge der wechselnden Zusammensetzung ist das Spontanserum und das Labserum für die Beurteilung der Milch wenig geeignet. Dagegen gibt das nach *Reich* hergestellte Essigsäureserum im Verein mit anderen Untersuchungswerten brauchbare Anhaltspunkte für die Beurteilung.

---

[1]) Milchzeitung, 1894, **23**, 247.

Man versetzt nach *Reich*[1]) 100 ccm Milch mit genau 2 ccm 20-prozentiger Essigsäure oder 0,4 ccm Eisessig, beläßt die Mischung in einer geschlossenen Druckflasche (oder einem Kolben mit Kühlrohraufsatz) von 150 ccm Inhalt während 15 Minuten in kochendem Wasser, kühlt hierauf ab und filtriert. In dem vom Kasein und Albumin befreiten Serum wird das spezifische Gewicht mittels Serumaräometer oder *Westphal*scher Waage ermittelt.

## B. Viskosität

Die Viskosität wird am besten mit dem *Lawaczek*schen Viskosimeter bei 20,5⁰ C ermittelt.

## C. Oberflächenspannung

Die Oberflächenspannung wird mit dem Stalagmometer nach *Traube* oder mit der Torsionswaage bestimmt.

## D. Gefrierpunkt

Die zur Verwendung kommende Apparatur ist eine von *J. Gangl* und *K. Jeschki*[2]) für Massenuntersuchungen modifizierte Anordnung der Apparatur zur Gefrierpunktsbestimmung nach *Beckmann*.

Der Apparat unterscheidet sich von der älteren *Beckmann*schen Anordnung insbesondere dadurch, daß Gefrierröhren ohne seitlichen Tubus und ohne Luftmantel Verwendung finden. Dadurch wird bei exakter Einhaltung der rechtzeitigen Impfung ein sehr rasches und doch genaues Arbeiten ermöglicht.

Das zur Verwendung kommende Thermometer ist mit einem Vakuummantel oder Durchflußmantel für Leitungswasser umgeben und ist in $^1/_{100}$ Grade geteilt. Das Thermometer ist unbedingt zu eichen. Die molekulare Gefrierpunktsdepression für Wasser beträgt 1,860 Grade Celsius, d. h. bei Auflösung eines Gramm-Moleküles eines nicht ionisierten Körpers in einem Kilogramm Wasser sinkt der Gefrierpunkt der Lösung auf — 1,860⁰ C. Zur Eichung des Thermometers löst man in 100 g Wasser 1,759 g Harnstoff (pro analysi). Nach genauer Bestimmung des Gefrierpunktes von sorgfältig destilliertem und ausgekochtem Wasser (Nullpunkt) und des Gefrierpunktes der Harnstofflösung ($g$) errechnet sich der Korrektionsfaktor ($x$) aus der Beziehung:

$$x = \frac{-0{,}545}{g}.$$

Das Thermometer ist mittels eines Korkes, der seitlich einen Einschnitt für den Impfdraht hat, mit der Gefrierröhre verbunden. In der Röhre befindet sich ein Rührer, der so gebaut ist, daß er den zentral gestellten Quecksilberkörper des Thermometers nicht

---


[1]) Milchzeitung, 1892, 21, 274.
[2]) Zeitschrift f. Untersuchung der Lebensmittel, 1934, 68, 540.

berühren kann. Die Gefrierröhre taucht unmittelbar in das Kältebad (Eis-Kochsalz), dessen Temperatur streng zwischen — $3^0$ und — $4^0$ C gehalten wird. Die Milch selbst wird in einer Kühlwanne (Eis-Wasser) bis gegen 0 Grad vorgekühlt.

Der Nullpunkt des Thermometers (Gefrierpunkt von destilliertem, ausgekochtem Wasser) ist vor und nach jeder Bestimmungsreihe und bei größeren Serien nach etwa je 10 Bestimmungen neuerlich festzustellen. Hiebei wird in die Gefrierröhre so viel Wasser eingefüllt, daß der einen Zentimeter über dem Boden des Gefäßes befindliche Quecksilberkörper mindestens 1 cm hoch überdeckt wird. Die Gefrierröhre wird dann so tief in das Kühlbad getaucht, daß der Wasserspiegel in der Gefrierröhre 3 bis 5 cm unter dem Spiegel des Kühlbades liegt. Weiterhin wird genau so verfahren wie bei der Bestimmung des Gefrierpunktes der Milch.

Zur Bestimmung des Milchgefrierpunktes werden die vorgekühlten Gefrierröhren mit dem Thermometer verbunden, wie oben angegeben in das Kühlbad eingetaucht und die Rührung eingeschaltet. Wenn der absinkende Quecksilberfaden etwa $1^0$ unter den vorherbestimmten Nullpunkt gesunken ist, werden mittels eines Drahtes einige Milcheiskristalle (in einem kleinen Röhrchen wurden vorher einige Kubikzentimeter Milch unter Rühren zum Erstarren gebracht) in die Gefrierröhre eingeführt. Die Unterkühlung wird sofort aufgehoben und der Quecksilberfaden steigt rasch an. Wenn das Ansteigen des Quecksilberfadens sich verlangsamt, wird die Rührung abgestellt und solange am Thermometer (zur Aufhebung des toten Ganges) regelmäßig geklopft, bis der Quecksilberfaden zur Ruhe gekommen ist. Dieser Punkt wird abgelesen. Das Thermometer gestattet insbesondere bei Verwendung eines kleinen, horizontal gestellten Fernrohres die Ablesung von $0,01^0$ und die Schätzung von $0,001^0$. Zur Erzielung richtiger Werte muß das Thermometer dauernd bei $0^0$ C gehalten werden. Die Differenz zwischen dem jetzt abgelesenen Wert und dem oben bestimmten Nullpunkt ergibt, multipliziert mit dem eventuellen Thermometerfaktor, den Gefrierpunkt der Milch.

Der so erhaltene negative Temperaturgrad mit — 100 multipliziert, ergibt die „Gefrierzahl" nach *J. Gangl*[1]), z. B. — 0,535 × — 100 = 53,5. Der Gefrierpunkt wird auf einen Säuregrad von $7^0$ *Soxhlet-Henkel* bezogen und wird für jeden Säuregrad zwischen 5 und $12^0$ $0,006^0$ C abgezogen bzw. zugezählt. Bei Milch von mehr als 9 Säuregraden werden diese Korrekturen ungenau. Durch Wasserzusatz wird der Gefrierpunkt der Milch erhöht. Die Berechnung der Höhe des Wasserzusatzes ($WZ$) erfolgt nach der Formel:

$$WZ = \frac{100\,(G_1 - G_2)}{G_1}$$

---

[1]) Wiener Milchw. Berichte, 1934, II, 17.

wobei $G_1$ der Gefrierpunkt der einwandfreien Milch (Stallprobe) ist. Für Mischmilch von größerem Durchmischungsumfang ist für $G_1$ der Wert — 0,535 einzusetzen.

Auch bei vorschriftsmäßig (s. S. 37) konservierter Milch ist genaue Kenntnis der Art und Menge des Konservierungsmittels erforderlich.

Bei neutralisierter Milch ist nach *K. Jeschki*[1]) für jeden Grad *Soxhlet-Henkel*, um den die Milch neutralisiert wurde, 0,008° C abzuziehen.

## E. Wasserstoffionenkonzentration

Deren Bestimmung erfolgt auf elektrometrischem Wege oder mittels geeigneter Indikatoren.

## F. Elektrische Leitfähigkeit

Die elektrische Leitfähigkeit wird bei 18° C mittels einer Meßbrücke, zweckmäßig unter Verwendung einer Tauch- oder Durchflußelektrode als Widerstandsgefäß, in bekannter Weise bestimmt.

## G. Refraktometerzahl

Zur Bestimmung der Refraktometerzahl des Serums bedient man sich des Verfahrens von *E. Ackermann.*[2]) Bei diesem Verfahren verwendet man eine Chlorkalziumlösung von annähernd 1,1375 spezifischem Gewichte, die in der Verdünnung 1 : 10 im Eintauchrefraktometer bei 17,5° C eine Lichtbrechung von 26 Skalenteilen zeigt.

30 ccm Milch werden in entsprechend großen Proberöhren mit 0,25 ccm der Chlorkalziumlösung vermischt; die Proberöhre wird nach Aufsetzen eines durchbohrten Stopfens, in dem eine zirka 22 cm lange Kühlröhre steckt, 15 Minuten lang in lebhaft siedendem Wasserbade erhitzt und dann durch Einstellen in kaltes Wasser abgekühlt. Hierauf wird durch vorsichtiges Neigen im Kühlrohr vorhandenes Kondenswasser mit dem Serum gemischt, dieses sofort klar abgegossen und nach Einstellen auf die Temperatur von 17,5° C refraktometrisch untersucht, vorausgesetzt, daß die Milch ein klares Serum liefert. Trübes Serum ist über Kieselgur zu filtrieren.

Die nach vorstehender Methode bestimmte Refraktometerzahl beträgt bei 17,5° C 38 bis 41 (im Mittel 39,1) Skalenteile, sofern es sich um gesunde Kühe von Höhenrassen handelt. Bei Einzelmilch von Niederungsvieh können Werte bis 36 vorkommen.

Bei der Beurteilung von Einzelmilch ist zu berücksichtigen, daß einerseits die Milch kranker Kühe abnorm niedrige Werte zeigen kann, anderseits auch die Lichtbrechung des Chlorkalziumserums der Milch

---

[1]) Milchw. Forschungen, Bd. 12, 305.
[2]) Ztschr. f. Untersuchung d. Nahrungs- u. Genußmittel, 1907, 13. Bd., S. 186.

gesunder Tiere jahreszeitliche Schwankungen und von einem zum anderen Tage wechselnde Werte aufweisen kann.

Eine angenäherte Berechnung eines Wasserzusatzes ($WZ$) kann nach der Formel

$$WZ = \frac{100\,(R_1 - R_2)}{24}$$

erfolgen, wobei $R_1$ die Refraktometerzahl der Stallprobe ist.

## H. Fluoreszenz

Sie wird im gefilterten Ultraviolettlicht der Analysen-Quarzlampe beobachtet.

## III. Chemische Untersuchung

Für die nachstehend beschriebenen gewichtsanalytischen Bestimmungen sind die zu verwendenden Milchmengen zu wägen. Die Benützung von Meßgefäßen (Pipetten u. dgl.) und die Berechnung der Gewichtsmenge aus dem spezifischen Gewicht ist nur dann zulässig, wenn diese Meßgefäße für Milch geeicht sind.

## A. Trockensubstanz

Nickelschalen mit flachem Boden (von etwa 8 cm Durchmesser) werden mit ausgeglühtem Bimssteinpulver oder mit in Salzsäure gewaschenem, geglühtem Seesand beschickt und darin 10 ccm Milch eingewogen. Dann wird am siedenden Wasserbad unter Zusatz einiger Tropfen Alkohol und Essigsäure vorgetrocknet und hierauf bei 103° C bis zum Gewichtsminimum im Trockenschrank getrocknet. Bei Massenuntersuchungen, oder sofern der Trockensubstanzgehalt direkt nicht ermittelt werden kann, genügt die Berechnung des Trockensubstanzgehaltes aus dem spezifischen Gewicht und dem Fettgehalt der Milch nach den von *Fleischmann* oder *Herz* angegebenen Formeln, bzw. kann den aus diesen Formeln berechneten Tabellen (s. S. 88) entnommen werden.

Nach *Fleischmann* ist die Trockensubstanz ($t$)

$$t = 1{,}2\,f + 2{,}665 \left( \frac{100\,s - 100}{s} \right),$$

nach *Herz* 
$$t = \frac{g}{4} + \frac{f}{5} + f + 0{,}26,$$

wobei unter $f$ der Fettgehalt, unter $s$ das spezifische Gewicht und unter $g$ die Laktodensimetergrade der Milch zu verstehen sind.

Die Berechnung eines Wasserzusatzes ($WZ$) zur Milch erfolgt nach der Formel

$$WZ = \frac{100\,(t_1 - t_2)}{t_1},$$

worin $t_1$ die fettfreie Trockensubstanz der Stallprobe und $t_2$ die der zu beurteilenden Probe bedeutet.

Für die Beurteilung kann auch das spezifische Gewicht der Trockensubstanz ($s_t$ im Mittel 1,32) herangezogen und nach folgender Formel berechnet werden:

$$s_t = \frac{t \cdot s}{t \cdot s - (100\,s - 100)}.$$

## B. Fett

a) Methode von *Röse-Gottlieb*. 10 ccm oder 10 g (bei der Berechnung zu berücksichtigen!) Milch werden z. B. in einem *Röhrig*schen Meßzylinder[1]) zunächst mit 1 ccm konzentriertem Ammoniak (spezifisches Gewicht 0,91 bis 0,92) und dann — nacheinander — mit 10 ccm Alkohol von 95 Volumprozenten, 25 ccm Äther und 25 ccm reinem, unter 60° C siedendem Petroläther geschüttelt. Hierauf läßt man während zwei Stunden ruhig stehen. Die Menge der Ätherlösung wird abgelesen und ein aliquoter Teil der klar gewordenen Fettlösung in ein gewogenes, weithalsiges und niedriges Kölbchen abgezogen, der Äther auf dem Wasserbade verdunstet, der Rückstand in einem Vakuumtrockenschrank bei 100° C bis zum Gewichtsminimum getrocknet und gewogen. In besonderen Fällen ist die Fettlösung so weit als möglich abzulassen, der verbleibende Rest nochmals mit 25 ccm Äther und 25 ccm Petroläther zu schütteln und nach dem Absitzen nochmals die klare Ätherlösung abzuziehen, in demselben Kölbchen zu verdunsten und dann erst das Fett zu trocknen und zu wägen. Diese Methode liefert die genauesten Ergebnisse.

Zur Bestimmung des Fettes in **Rahm** nach diesem Verfahren verwendet man 3 bis 5 g Substanz, verdünnt mit Wasser zu 10 ccm, mischt mit 1 ccm Ammoniak und verfährt wie bei Milch. Bei **Magermilch** und **Buttermilch** verfährt man so wie bei Vollmilch. Von **Trockenmilch** löst man in der Röhre 1 g in 10 ccm warmen Wassers und verfährt wie bei Milch.

Von **kondensierter Milch** wird eine dem Fettgehalt entsprechende Menge gewogen, in der Röhre in Wasser auf 10 ccm gelöst und wie bei Milch weiterbehandelt.

b) Verfahren nach *Gerber*. Im allgemeinen wird die Fettbestimmung in der Milch nach dem Acidbutyrometerverfahren von *Gerber* durchgeführt. Hiezu sind erforderlich:

1. Geprüfte Butyrometer. Am besten geeignet sind solche mit flacher Skala, die bis 6% Fett anzeigt und deren Skalenlänge mindestens 7 cm beträgt. Sie ermöglichen eine genaue Ablesung.

2. Technisch reine Schwefelsäure vom spezifischen Gewicht 1,820 bis 1,825.

3. Amylalkohol vom spezifischen Gewicht 0,815 und dem Siedepunkt 128 bis 130° C. Er darf im Blindversuch keine an der Butyrometerskala ablesbare ölige Ausscheidung geben.

---

[1]) Ztschr. f. Untersuchung d. Nahrungs- u. Genußmittel, 1903, 6, 268.

Zur Durchführung der Bestimmung wird das Butyrometer in nachstehender Reihenfolge gefüllt: 10 ccm der Schwefelsäure, 11 ccm der Milchprobe, 1 ccm des Amylalkohols. Nach Verschluß mit einem Gummistöpsel wird das Butyrometer solange geschüttelt, bis Lösung eingetreten ist; dann wird durch öfteres Stürzen gut durchgemischt. Nach dem nun folgenden Erwärmen der gefüllten Butyrometer im Wasserbade bei 65 bis 70⁰ C werden diese 5 Minuten lang in einer Zentrifuge bei mindestens 1000 Umdrehungen je Minute ausgeschleudert. Sollte noch keine vollständige Trennung der Schichten erfolgt sein, so ist das Erwärmen und Zentrifugieren zu wiederholen. Nach abermaligem Einstellen (5 Minuten) in Wasser von 65 bis 70⁰ C, wobei darauf zu achten ist, daß die Fettsäule im Wasserbad untertaucht, erfolgt bei dieser Temperatur die Ablesung.

Bei den nach diesem Verfahren erhaltenen Werten wurden Differenzen bis $\pm$ 0,1% beobachtet. Bei homogenisierter Milch ist nach der ersten Ablesung nochmals zu erwärmen und zu zentrifugieren und dann erst endgültig abzulesen.

Die Fettbestimmung in Rahm wird zweckmäßig nach der Einwägemethode im Produktenbutyrometer nach *Roeder* durchgeführt:

5 g Rahm (auf 0,1 g genau) werden in das Becherchen eingewogen und dieses sodann in das Butyrometer eingesetzt. Nach Zugabe von 17,5 ccm Schwefelsäure vom spezifischen Gewicht 1,525 und von 1 ccm Amylalkohol wird nach Verschluß stark geschüttelt und 15 Minuten im Wasserbade auf 80⁰ C erwärmt, hierauf 10 Minuten lang zentrifugiert (1000 Touren), sodann durch 5 Minuten auf 65⁰ C gehalten und, nach dem Einstellen des unteren Endes der Fettschicht auf den Nullpunkt der Skala, abgelesen. Die Fehlergrenze beträgt $\pm$ 0,5%.

In Magermilch und Buttermilch wird diese Fettbestimmung analog der Vollmilch in eigenen Magermilchbutyrometern ausgeführt. In saurer Milch, saurem Rahm, Joghurt, Kefir usw. erfolgt die Fettbestimmung zweckmäßig in der nach *Weibull*[1]) (s. S. 40) hergestellten Ammoniakmischung.

Kondensierte Milch muß vor der Fettbestimmung entsprechend verdünnt werden.

Zur Fettbestimmung in Trockenmilch werden nach *Gerber-Teichert*[2]) in ein Trockenmilchbutyrometer nach *Teichert* nacheinander 10 ccm Schwefelsäure (spezifisches Gewicht 1,820 bis 1,825), dann 8 ccm Wasser und 1 ccm Amylalkohol eingefüllt. Sodann gibt man durch einen weithalsigen Fülltrichter 2,5 g der Trockenmilch dazu. Wenn die Trockenmilch durch den Amylalkohol in das Wasser niedergegangen ist, wird verschlossen und solange kräftig geschüttelt, bis vollständige Lösung eingetreten ist. Hierauf wird 10 Minuten bei mindestens 1200 Touren

---

[1]) Milchzeitung, 1894, 23, 247.
[2]) Mitt. d. Deutschen Milchwirtschaftl. Vereines, 1912, 29, 201.

zentrifugiert und bei genau 65⁰ C abgelesen. Zur Kontrolle wird nochmals zentrifugiert und wieder abgelesen. Bei Trockenmagermilch wird der mittlere Meniskus abgelesen.

## C. Stickstoffhaltige Stoffe

a) Gesamtstickstoffbestimmung. 10 ccm Milch werden im *Kjeldahl*kolben mit 20 ccm konzentrierter Schwefelsäure — unter Zugabe von etwas Kupfersulfat — bis zum Farbloswerden und dann noch etwa 20 Minuten weitergekocht. Die Destillation der nach dem Erkalten vorsichtig mit Wasser verdünnten und stark alkalisch gemachten Lösung erfolgt in geeigneten Apparaten. Stickstoffprozente mal 6,37 ergeben die Gesamteiweißprozente.

b) Kaseinogen. Das Kaseinogen wird nach dem Verfahren von *Schloßmann*[1]) bestimmt: 10 ccm Milch werden mit 50 ccm Wasser verdünnt, im Wasserbade vorsichtig auf 40⁰ C erwärmt und mit 1 ccm einer gesättigten Kalialaunlösung versetzt. Man wartet unter Umrühren ab, ob ein rasches Absetzen des Gerinnsels erfolgt. Tritt dies noch nicht ein, so wird der Zusatz der Alaunlösung um 0,5 ccm tropfenweise erhöht. Der Niederschlag wird abfiltriert, mit Wasser anhaltend ausgewaschen und noch feucht nach *Kjeldahl* verbrannt. Der ermittelte Stickstoff mit 6,39 vervielfältigt, ergibt die Menge des Kaseinogens.

c) Albumin. Das Albumin wird aus dem Filtrat, das man bei der Kaseinogenbestimmung (s. oben) erhält, nach der Verdünnung mit Wasser durch Gerbsäure (*Almén*sche Gerbsäurelösung, bestehend aus 4 g Gerbsäure, 8 g 25-prozentiger Essigsäure und 190 ccm 40 bis 50-prozentigen Alkohols) gefällt. Hierauf bestimmt man im Niederschlag den Stickstoffgehalt nach *Kjeldahl* und vervielfältigt ihn mit 6,34.

## D. Milchzucker

a) Gewichtsanalytisch nach *Soxhlet-Scheibe*.[2]) In einen 500 ccm fassenden Meßkolben mit Glasstopfen bringt man 25 ccm der zu untersuchenden Milch, 400 ccm destilliertes Wasser, 10 ccm der *Fehling*schen Kupferlösung und 3,5 bis 4,0 ccm n-Natronlauge unter Wahrung einer schwach sauren Reaktion und hierauf 20 ccm einer kalt gesättigten Lösung von Fluornatrium. Nach halbstündigem Stehen füllt man mit destilliertem Wasser zur Marke auf, schüttelt um und filtriert. In 100 ccm des klaren Filtrates wird der Milchzucker nach *Allihn* bestimmt.

b) Jodometrisch nach *Kolthoff*.[3]) 1. Zuerst stellt man ein wasserklares Serum nach *Carrez*[4]) her. In einem 100 ccm fassenden Meßkolben

---


[1]) Ztschr. f. physiol. Chemie, 1876, 22, 197.
[2]) Ztschr. f. analyt. Chemie, 1901, 40, 13.
[3]) Ztschr. f. Untersuchung d. Nahrungs- u. Genußmittel, 1923, 45, 131.
[4]) Ztschr. f. Untersuchung d. Nahrungs- u. Genußmittel, 1910, 20, 231.

mit Glasstopfen werden 10 ccm Milch mit 5 ccm 15-prozentiger Kaliumferrozyanidlösung, 5 ccm 30-prozentiger Zinkazetatlösung und 1 ccm wässeriger Azolithminlösung versetzt, mit 0,25 n-Natronlauge neutralisiert und mit Wasser zur Marke aufgefüllt. Nach der Durchmischung läßt man absetzen und gießt die klare Flüssigkeit durch ein gehärtetes Filter.

2. 5 ccm *Carrezserum* werden im Erlenmeyerkolben mit 10 ccm 0,1 n-Jodlösung und 10 ccm 2 n-Sodalösung versetzt und 25 Minuten im Dunkeln stehen gelassen. Hierauf wird mit 10 ccm 4 n-Salzsäure (oder Schwefelsäure) angesäuert und das überschüssige Jod mit 0,1 n-Natriumthiosulfatlösung zurücktitriert. Als Indikator wird Stärkelösung verwendet. 1 ccm verbrauchte Jodlösung = 18 mg Laktosehydrat.

## E. Rohasche

Die Asche wird in 10 ccm Milch unter Zusatz von einigen Tropfen Essigsäure und Äthylalkohol in üblicher Weise bestimmt.

## F. Chloride

Nach *Koranyi-Zaribnicky*[1]) werden in einem 200 ccm-Jenaer Glaskolben 5 ccm Milch mit 10 ccm Salpetersäure (spezifisches Gewicht 1,4) und 5 ccm 0,1 n-Silbernitratlösung unter zeitweisem Umschwenken und allmählicher Zugabe von 20 bis 25 ccm einer gesättigten Kaliumpermanganatlösung bis zur Klärung gekocht. Dann werden zur Abkühlung etwa 150 ccm destilliertes Wasser und hierauf 2 ccm gesättigter Eisenalaunlösung als Indikator zugefügt, worauf mit 0,1 n-Rhodanammonlösung bis zur leichten Braunfärbung titriert wird (Faktor 0,003546).

Nach *van Geldern*[2]) werden 50 ccm Milch in einem 100 ccm Meßkolben mit 15 ccm verdünnter Salpetersäure (spezifisches Gewicht 1,133) gemischt und darauf mit Wasser auf 100 ccm aufgefüllt. Nach gutem Durchmischen und Filtrieren werden zu 50 ccm des Filtrates 15 ccm 0,1 n-Silbernitratlösung gegeben. Das überschüssige Silbernitrat wird hierauf mit 0,1 n-Ammoniumrhodanat unter Zusatz von 1 ccm gesättigter Ferriammoniumsulfatlösung zurücktitriert.

## G. Frischezustand

Zur Feststellung stärkerer Säuerung genügt oft die einfache Sinnenprüfung. Man bedient sich zur Bestimmung der Säuerung bzw. Feststellung des Frischezustandes der Milch wissenschaftlicher und empirischer Verfahren.

a) Säuregrad nach *Soxhlet-Henkel*. Unter „Säuregraden nach *Soxhlet-Henkel*" versteht man die Anzahl der Kubikzentimeter 0,25 n-

---

[1]) Milchw. Zentralbl., 1924, 53, 13.
[2]) Ztschr. f. Fleisch- u. Milchhyg., 1923, 33, 73.

Natronlauge, welche notwendig sind, um die freien Säureäquivalente in 100 ccm Milch bei Verwendung von Phenolphtalein als Indikator zu neutralisieren.

Zur Bestimmung des Säuregrades nach *Soxhlet-Henkel* (S. H.) werden 50 ccm Milch mit 2 ccm einer neutralen, 2-prozentigen Phenolphtaleinlösung versetzt, dann mit 0,25 n-Lauge bis zum Eintritt schwacher Rosafärbung titriert und die verbrauchten Kubikzentimeter Lauge mit 2 multipliziert.

Frische Milch zeigt in der Regel 6 bis 8, beim Kochen gerinnende 11 bis 13 und Milch unmittelbar vor der freiwilligen Gerinnung 24 bis 31 Säuregrade S. H.

Bei Rahm werden 50 g mit 0,25 n-Lauge titriert.

b) **Empirische Prüfung.** 1. Lakmusprobe: Frische Kuhmilch reagiert gegen Lakmus amphoter. Eindeutig saure Reaktion zeigt beginnende Säuerung an.

2. Kochprobe: Gerinnt die Milch beim Erhitzen, so darf sie nicht mehr als Frischmilch bezeichnet werden.

3. Alkoholprobe: Man vermischt gleiche Teile Milch und 68-volumprozentigen Alkohols in einem Reagensglas und neigt dieses langsam hin und her. Zeigt sich an der Wandung ein staubfeines Gerinnsel (Flocken), so bleibt sie etwa noch bis zu 2 Stunden kochfähig. Entsteht ein starkes Gerinnsel (Flocken), so ist die Milch in der Regel überhaupt nicht mehr kochfähig.

4. Alizarolprobe nach *Morres*. Sie ist eine Vereinigung der Alkoholprobe mit einer Farbenreaktion. Als „Alizarol" wird eine gesättigte Lösung von Alizarin in 68-volumprozentigem Alkohol bezeichnet:

2 ccm Milch werden mit 2 ccm Alizarol in einem reinen trockenen Proberohr gemischt. Je nach dem Säuregrad der Milch treten verschiedene Farbtöne und auch Flockenbildung auf, die nach der von *Morres* angegebenen Farbentafel gedeutet werden können. Der Farbton bei frischer Milch mit 7 Säuregraden ist lilarot, er verändert sich ins Rötliche und wird mit zunehmenden Säuregrad („stichige" Milch) braunrot und bei saurer Milch gelb. Alkalische oder durch Sodazusatz alkalisch gemachte Milch ist ebenfalls mit dieser Probe in den meisten Fällen durch den auftretenden violetten Farbenton zu erkennen.

## H. Nitrate

Die Reaktion wird am besten im Serum nach *Ackermann* (s. S. 43) durch Unterschichten des Serums mit einer 0,02-prozentigen Lösung von Diphenylamin in reinster konzentrierter Schwefelsäure durchgeführt. An der Berührungsfläche der beiden Flüssigkeiten entsteht schon bei Anwesenheit von 5 mg Nitrat-Ion im Liter ein blauer Ring. Wird die Milch unmittelbar zum Nachweis verwendet, so werden 2 ccm Diphenylamin-Reagens in ein kleines weißes Porzellanschälchen gebracht, tropfenweise mit $^1/_2$ ccm der Milch so versetzt, daß die Tropfen in die Mitte der Lösung fallen und das Ganze wird nun, ohne zu mischen, 2 bis 3 Minuten lang ruhig stehen gelassen. Hierauf bewegt man die Schale, und zwar anfangs sehr langsam, hin und her. Bei Vorhandensein von salpetersauren Salzen in der Milch treten blaue Streifen auf oder es färbt sich die ganze Flüssigkeit blau.

## J. Konservierungsmittel

a) **Formaldehyd** nach *Utz.*[1]) 10 ccm Milch werden in einem Reagensglas mit 10 ccm Salzsäure (spezifisches Gewicht 1,19) und einigen Körnchen Vanillin erwärmt. Bei Milch ohne Formalin tritt eine schöne violette Färbung ein. Bei Spuren von Formalin wird die Farbe gelb statt violett.

b) **Salizylsäure, Benzoësäure, (Parachlorbenzoësäure, Paraoxybenzoësäure und deren Ester).** 100 ccm Milch werden nach *Gangl*[2]) mit einer Sodalösung schwach alkalisch gemacht, dann mit 10 ccm einer Kaliumferrozyanidlösung (150 g Kaliumferrozyanid in 1 Liter Wasser) und 10 ccm einer Zinksulfatlösung (300 g Zinksulfat in 1 Liter Wasser) versetzt, gut durchgemischt und mit Wasser auf ein Volumen von 200 ccm gebracht. Nach nochmaligem Durchmischen wird durch ein Faltenfilter filtriert. Das klare Filtrat wird mit Schwefelsäure angesäuert, gekühlt und mit Äther ausgeschüttelt. Die mehrmals gewaschene und filtrierte ätherische Lösung wird unter Zusatz von einigen Tropfen Ammoniak auf dem Wasserbade bis zur Trockne eingedampft. Der Rückstand wird zur Prüfung auf Salizylsäure, Benzoësäure usw. verwendet.

Der qualitative Nachweis der Konservierungsmittel erfolgt in folgender Weise:

1. Salizylsäure. Ein Teil des aus dem Filtrat mit Äther gewonnenen Rückstandes wird in 1 ccm Wasser gelöst und mit 1 Tropfen einer 0,5-prozentigen Ferrichloridlösung versetzt. Eine Violettfärbung der wässerigen Schicht zeigt Salizylsäure an.

2. Benzoësäure. Ein Teil des Rückstandes wird nach *Mohler*[3])-*Großfeld*[4]) mit 0,1 g Kaliumnitrat und 1 ccm konzentrierter Schwefelsäure 20 Minuten im siedenden Wasser erhitzt, abgekühlt und mit 2 ccm Wasser verdünnt. Nach nochmaligem Abkühlen setzt man 5 ccm Äther hinzu, schüttelt kräftig durch, trennt die Ätherlösung in einem kleinen Scheidetrichterchen ab, wäscht sie mit einigen Tropfen Wasser, dampft sie in einem Reagensglase auf dem Wasserbade ab, versetzt den Rückstand mit 2 bis 3 Tropfen Ammoniak und mit einem Kriställchen Hydroxylaminchlorhydrat, erhitzt einige Sekunden unter Schütteln in einem

---

[1]) Chemiker-Zeitung, 1905, 29, 669.
[2]) Privatmitteilung.
[3]) Ztschr. f. Untersuchung d. Nahrungs- u. Genußmittel, 1910, 19, 142.
[4]) Ztschr. f. Untersuchung d. Nahrungs- u. Genußmittel, 1915, 30, 271.

siedenden Wasserbad, kühlt ab und verdünnt mit zirka 5 Tropfen Wasser. Eine Rotfärbung der Lösung zeigt Benzoësäure an. Salizyl-säure gibt die gleiche Reaktion. Ihre Abwesenheit ist daher vorher, wie oben angegeben, festzustellen. Man kann auch einen Teil des Rückstandes mit etwas Wasser aufnehmen und mit je 3 Tropfen einer 1-prozentigen Ferrichloridlösung, einer 0,3-prozentigen Wasserstoffsuperoxydlösung und einer 3-prozentigen Ferrosulfatlösung versetzen. Bei Anwesenheit von Benzoësäure tritt eine violette Färbung auf.

3. Parachlorbenzoësäure. Ein Teil des Rückstandes wird mit wenig reinem Kaliumnitrat ganz kurz verglüht, mit Wasser aufgenommen und nach dem Ansäuern mit Salpetersäure mit Silbernitrat auf Chlor-Ion geprüft.

4. Paraoxybenzoësäure und deren Ester. Ein Teil des Rückstandes wird mit 1 ccm einer Quecksilbersulfatlösung (5 g Quecksilberoxyd + 20 ccm konzentrierter Schwefelsäure + 100 ccm Wasser bis zum beginnenden Sieden erhitzt, wobei eine klare Lösung entsteht) genau 2 Minuten im Wasserbade erhitzt, abgekühlt und mit einem Tropfen 2-prozentiger Nitratlösung versetzt. Bei größerem Gehalt entwickelt sich sofort, bei geringerem nach einigen Sekunden eine deutliche Rötung, die nach 3 bis 5 Minuten ihr Maximum erreicht und mehrere Stunden bestehen bleibt. Der positive Ausfall ist durch Schmelzpunktbestimmung der isolierten Säure zu bestätigen.

c) Borsäure. 1. 20 ccm Milch werden mit 5 bis 10 ccm verdünnter Salzsäure (1:3) geschüttelt und durch ein trockenes Filter filtriert. Mit dem Filtrate werden Streifen von Kurkumapapier befeuchtet, die sich nach dem Trocknen bei Anwesenheit von Borsäure kirschrot färben. Die kirschrote Färbung verändert sich beim Betupfen mit Sodalösungen in eine blaugrüne.

2. 10 ccm Milch werden unter Zusatz von Soda verascht, die Asche in einem Kölbchen mit Methylalkohol übergossen und dessen Dampf nach Zusatz von konzentrierter Schwefelsäure entzündet. Bei Betrachtung der Flamme (ev. durch ein Kobaltglas) läßt sich die Borsäure an der grünen Flammenfärbung erkennen.

d) Wasserstoffsuperoxyd. 1. Die Gegenwart von Wasserstoffsuperoxyd in der Milch wird nach *Arnold* und *Mentzel*[1]) mit Hilfe einer Lösung von 1 g Vanadinsäure in 100 g verdünnter Schwefelsäure (1:2) nachgewiesen, indem man 10 ccm Milch mit 10 Tropfen dieser Lösung versetzt; Wasserstoffsuperoxyd erzeugt rostbraune Färbung. Das Verfahren gestattet schon den Nachweis von 0,01 g Wasserstoffsuperoxyd in 100 ccm Milch.

2. Oder man versetzt 10 ccm Milch mit 10 bis 15 Tropfen einer 0,2-prozentigen Lösung von Titansäure in verdünnter Schwefelsäure. Bei Anwesenheit von Wasserstoffsuperoxyd tritt Gelbfärbung ein.

---

[1]) Ztschr. f. Untersuchung d. Nahrungs- u. Genußmittel, 1903, 6, 303.

e) **Fluor.** Der Nachweis erfolgt in der unter Zusatz von Kalkmilch hergestellten Asche nach Heft XVIII, S. 13.

### K. Entsäuerungsmittel

**1. Feststellung der Reaktion. a)** Rosolsäurereaktion. 10 ccm Milch werden mit dem gleichen Volumen säurefreien Alkohols geschüttelt und die Mischung mit wenigen Tropfen Rosolsäure (1 g Rosolsäure in 100 ccm säurefreiem Alkohol) vermengt. Alkalische Milch oder alkalisch gemachte Milch (auch mit Borax versetzte Milch) zeigt rosenrote Färbung.

**b)** Alizarolprobe (s. S. 49). Hiebei werden 2 ccm Milch mit 2 ccm Alizarol vermengt. Milch, welche sich hiebei violett färbt, ist einer Neutralisation verdächtig.

**2. Bestimmung der Neutralisation.** Der Nachweis einer mit kohlensaurem oder doppeltkohlensaurem Natrium erfolgten Neutralisation der Milch erfolgt zweckmäßig nach der Methode von *J. Tillmans* und *W. Lukenbach*.[1]) 50 ccm Milch werden in einen 250 ccm-Erlenmeyerkolben pipettiert, mit 2 ccm einer 2-prozentigen alkoholischen Phenolphtaleinlösung versetzt und mit 0,25 n-Lauge titriert. Nun fügt man die nötige Menge Eisenlösung (Liquor ferri dialysati, *Merck*) hinzu. Die nötige Menge dieser Eisenlösung richtet sich nach ihrem Wirkungswert; dessen Ermittlung s. S. 53. Die anfangs dicke Flüssigkeit wird durch kräftiges Schütteln und bei einviertelstündigem Stehenlassen dünnflüssig und in diesem Zustande durch ein Faltenfilter von 10 cm Durchmesser filtriert. Man erhält 30 bis 40 ccm eines farblosen Filtrates. 20 ccm des Serums werden in einem Kolorimeterzylinder (Gefrierpunktsröhrchen) mit einigen Tropfen 0,1 n-Natronlauge versetzt, bis die Flüssigkeit gerade wieder rosarot ist; man gibt noch 1 Tropfen 0,1 n-Natronlauge hinzu, nun ist die $p_H$-Stufe 8,4 erreicht. Die angewandte Menge Natronlauge braucht nicht gemessen zu werden. Man pipettiert 0,3 ccm Dimethylgelblösung (0,01 g Dimethylamidoazobenzol *Kahlbaum*) in 100 ccm säurefreiem, 90-prozentigem Alkohol gelöst) zu und titriert mit 0,1 n-Salzsäure auf gleichen Farbton mit den in einem anderen Zylinder befindlichen 20 ccm Pufferlösung der $p_H$-Stufe 3,2, die auch mit 0,3 ccm Dimethylgelb versetzt sind.

Als Pufferlösung wird zweckmäßig folgende Lösung verwendet:

Lösung A:   9,078 g $KH_2PO_4$ + 8,404 g Oxalsäure im Liter.
Lösung B: 25,480 g $Na_2B_4O_7 \cdot 10\,H_2O$ im Liter.

Von diesen beiden Lösungen wird nun durch Vermischen von 32 ccm Lösung A mit 18 ccm Lösung B die Pufferlösung von der gewünschten Wasserstoffionenkonzentration $p_H = 3{,}2$ hergestellt. Die Einstellung auf Farbgleichheit erfolgt in der Durchsicht gegen eine weiße Unterlage.

---

[1]) Milchw. Forschungen, 1926, **3**, 225.

Bei Zusatz der 0,1 n-Säure verschwindet zuerst die Rosafarbe und das Dimethylgelb wird sichtbar. Titriert man weiter ins saure Gebiet, geht die Farbe über Orange in Rosa über. Von den verbrauchten Kubikzentimetern 0,1 n-Säure sind als Korrektur 0,17 (0,2) abzuziehen und ist der so erhaltene Wert auf 100 ccm umzurechnen. Hiezu wird die gesamte Flüssigkeitsmenge, auf welche die angewandten 50 ccm Milch angewachsen sind, errechnet, durch 10 dividiert und mit der so erhaltenen Zahl die verbrauchten Kubikzentimeter 0,1 n-Säure multipliziert.

Aus der Tabelle (s. S. 90) liest man den zu diesem Quotienten gehörigen Säuregrad ab. Die Differenz zwischen dem so ermittelten Säuregrad und dem nach *Soxhlet-Henkel* gibt an, um wieviel S. H.-Grade die Milch neutralisiert wurde. Da 1 Säuregrad 21 mg $NaHCO_3$ entspricht, kann man diesen Wert auch in Milligramm $NaHCO_3$ angeben.

Ist der Unterschied zwischen den *Tillmans-* und den *Soxhlet-Henkel*-Graden kleiner als 1, so ist die Milch nicht neutralisiert. Ist er größer als 1, aber kleiner als 2, so liegt Neutralisationsverdacht vor. Ist er größer als 2, so ist die Milch sicher neutralisiert. Ist bei einer größeren Menge, wie es bei molkereimäßig behandelter Milch der Fall ist, die Differenz 1,5 oder höher, so ist diese Milch sicher neutralisiert.

Zu bemerken wäre noch, daß eine mit Bikarbonat versetzte Milch, wenn sie nicht oder nicht genügend erhitzt wurde, noch unzersetztes Bikarbonat enthalten kann. Dies hat aber hier keinen Einfluß, weil im gleichen Maße, wie die S.-H.-Grade höher gefunden werden, auch die nach *Tillmans* gefundenen Grade erhöht sind, so daß die Differenz die gleiche ist, ob man kocht oder beide Titrationen in der Kälte macht. War die Milch gewässert, so müssen sowohl die S. H.-Grade als auch die verbrauchten Kubikzentimeter 0,1 n-Salzsäure auf die ursprüngliche Milch umgerechnet werden.

Prüfung des Wirkungswertes der Eisenlösung bzw. Ermittlung der nötigen Menge: Man nimmt nach *Jeschki*[1]) einwandfreie Milch und ermittelt, wieviel von der Eisenlösung man zugeben muß, daß die S. H.-Grade und die nach *Tillmans* um nicht mehr als 0,5 differieren.

Für den Nachweis der Neutralisation von R a h m besteht ein ähnliches Verfahren von *Strohecker*.[2])


## L. Rohrzucker

Der N a c h w e i s des Rohrzuckers erfolgt nach dem Verfahren von *Rothenfusser*[3]): Das hiezu erforderliche Reagens besteht aus 10 ccm 10-prozentiger alkoholischer Diphenylaminlösung, 25 ccm Eisessig und 65 ccm Salzsäure (1,19). Man versetzt 30 ccm Milch oder Rahm, die auf dem Wasserbade auf eine Temperatur von 85 bis 90° C gebracht

---

[1]) Milchw. Forschungen, 1931, 12, 305.
[2]) Ztschr. f. Untersuchung d. Nahrungs- u. Genußmittel, 1927, 53, 225.
[3]) Ztschr. f. Untersuchung d. Nahrungs- u. Genußmittel, 1909, 18, 135.

wurden, mit dem gleichen Volumen einer kurz vor dem Gebrauche durch Vermischen von zwei Raumteilen Bleiessig (500 g neutrales Bleiazetat in 1200 ccm destillierten Wassers gelöst) und einem Raumteil Ammoniak (für Milch und Rahm unter 20 Prozent Fett vom spez. Gewicht 0,944, für Rahm über 20 Prozent Fett vom spez. Gewicht 0,967) bereiteten Lösung, schüttelt eine halbe Minute lang tüchtig und bringt nach einigen Minuten den dicken Brei auf das Filter. Zu 3 bis 4 ccm des klaren Bleiessigserums wird das gleiche Volumen des Diphenylaminreagens zugemischt und im kochenden Wasserbade bis zu 10 Minuten belassen. Bei Anwesenheit von Rohrzucker tritt schon nach 2 bis 3 Minuten Blaufärbung ein, die je nach dem Rohrzuckergehalt rascher oder langsamer nachdunkelt. Bei einem Gehalt bis zu 0,05 Prozent ist die Färbung nach 10 Minuten schön blau. Bei Abwesenheit von Rohrzucker ist keine Färbung oder Trübung zu beobachten. Zweckmäßig ist es, in einem anderen Teil des Filtrates die Reduktionsprobe mit der gleichen Menge *Fehling*scher Lösung durch gleichzeitiges Kochen im Wasserbade auszuführen. Bei richtiger Ausführung der Fällung tritt keine Reduktion ein.

Die **quantitative Bestimmung** kommt namentlich bei der Untersuchung der gezuckerten kondensierten Milch in Betracht:

a) Zur **gewichtsanalytischen** Bestimmung werden 5 g kondensierte Milch in einem 500 ccm-Kolben in ungefähr 300 ccm Wasser gelöst und die Eiweißfällung wie bei der Milchzuckerbestimmung in Milch (s. S. 47) vorgenommen. Nach dem Auffüllen und Filtrieren wird in 100 ccm Filtrat der Milchzucker bestimmt.

In einem 200 ccm-Kolben werden 100 ccm Filtrat auf 70° C erwärmt, mit 6,25 ccm Salzsäure vom spez. Gewicht 1,19 versetzt und während 5 Minuten auf einer Temperatur von 68 bis 70° C gehalten. Hierauf wird abgekühlt, mit Natronlauge neutralisiert, aufgefüllt und in 50 ccm der Lösung (= 0,25 g Kondensmilch) der Invertzucker mit *Fehling*scher Lösung bestimmt (50 ccm Lösung + 50 ccm Wasser + 50 ccm *Fehling*scher Lösung, 6 Minuten kochen).

Gesamtzucker-Kupfer, vermindert um ein Viertel des Milchzucker-Kupfers ergibt das Invertzucker-Kupfer. Der hieraus berechnete Invertzucker mit 0,95 multipliziert, ergibt den Rohrzucker.

b) Zur **polarimetrischen** Bestimmung werden 50 g der Probe nach *Grünhut* und *Rijber*[1]) mit siedendem Wasser übergossen. Nach dem Erkalten spült man die Masse mit Wasser in einen 250 ccm-Meßkolben, versetzt mit etwa 10 ccm Bleiessig, füllt mit Wasser bis zur Marke auf und filtriert. Man bringt nun 75 ccm des Filtrates in ein 100 ccm-Kölbchen, klärt nötigenfalls mit etwas Tonerdebrei oder Tierkohle, fügt Wasser bis zur Marke hinzu, filtriert und polarisiert in einem 200 mm-Rohre bei genau 20° C. Andere 75 ccm werden in einem

---

[1]) Ztschr. f. analyt. Chemie, 1900, 39, 19.

100 ccm-Kolben mit 5 ccm Salzsäure vom spez. Gewicht 1,19 versetzt, im Wasserbade rasch auf 67 bis 70° C erwärmt, unter häufigem Umschütteln 5 Minuten lang bei dieser Temperatur gehalten, dann abgekühlt, neutralisiert und weiterhin, wie früher angegeben, behandelt. Vorerst wird nun aus den ermittelten Polarisationswerten vor ($P$) und nach ($J$) der Inversion der scheinbare Gehalt an Rohrzucker ($Z$) unter Benützung der *Clerget-Herzfeld*schen Formel, wie folgt, ermittelt:

$$Z = \frac{100\,(P - J)}{131,84 - 0,05\,J}.$$

Da aber bei der Berechnung das Volumen des Bleiessigniederschlages berücksichtigt werden muß, bringt man zum Zwecke seiner Ermittlung ein und dieselbe Substanzmenge mit den gleichen Reagenzienmengen das eine Mal auf das Volumen $V$, das andere Mal auf das doppelte Volumen $2\,V$ und polarisiert jeweilig nach der oben angegebenen Vorschrift (Verfahren der doppelten Verdünnung).

Bezeichnet man die so erhaltenen Polarisationen mit $P_1$ und $P_2$ und die Menge des Niederschlages mit $x$, so ergibt sich: $P_1 : P_2 = = (2\,V - x) : (V - x)$ und daraus:

$$x = \frac{V\,(P_1 - 2\,P_2)}{P_1 - P_2}.$$

Der wahre Gehalt an Rohrzucker ($R$) errechnet sich dann aus folgender Formel:

$$R = \frac{Z \times 0,26\,(V - x)}{75}.$$

## M. Nachweis von Ziegenmilch

5 ccm Milch werden nach *Großbüsch*[1]) mit 15 ccm Ammonsulfatlösung vom spez. Gewicht 1,134 und hierauf mit 10 ccm Äther versetzt und etwa eine Minute kräftig geschüttelt. Nach ungefähr 15 Minuten ruhigen Stehens scheidet sich der ausgefällte Käsestoff nach oben ab und die darunter stehende Flüssigkeit ist bei Kuhmilch vollkommen klar, bei Ziegenmilch jedoch vollkommen undurchsichtig. Bei Mischungen beider treten Trübungen auf, deren Stärke von der Höhe des Ziegenmilchzusatzes abhängig ist.

Zum sicheren Nachweis ist der Vergleich mit der Stallprobe unerläßlich.

## N. Kolostrum

Eine Beimengung von Kolostrum läßt sich durch Ermittlung des Zell- und Enzymgehaltes nachweisen.

---

[1]) Schweizer Milchzeitung, 1930, 56, 221.

## O. Sichtbarer Schmutz

Zur Vorprüfung auf „sichtbaren Schmutz" läßt man etwa 200 ccm Milch in einem Stutzenglas ungefähr 15 Minuten stehen. Milch, die hiebei deutlichen Bodensatz zeigt, ist stark verschmutzt. Die Verwendung eines geeigneten Hilfsapparates erleichtert die Beobachtung, wobei auf einem Wattefilter von 25 mm Durchmesser der „sichtbare Schmutz" gesammelt wird. Bei Kindermilch darf von $^1/_2$ Liter kein „sichtbarer Schmutz" auf der Wattescheibe zurückbleiben.

## P. Nachweis stattgefundener Erhitzung

Wie auf S. 84 dargelegt ist, bezweckt die Pasteurisierung insbesondere auch die Freimachung der Milch von Krankheitskeimen. Soll Milch, gleichviel nach welcher Pasteurisierungsart sie behandelt ist, auf das Vorhandensein von Keimen untersucht, also der bakteriologische Effekt der angewendeten Pasteurisierung überprüft werden, so gibt es nur den Weg der bakteriologischen Untersuchung der Milch, und zwar in einer Probe, welche unmittelbar nach dem Austritt der Milch aus dem Pasteurapparat steril gezogen wurde. Eine Untersuchung in diesem Sinne kann auch bei einer Milch durchgeführt werden, die unmittelbar nach der Pasteurisierung ohne Nachinfektion in der Molkerei in Flaschen abgefüllt oder in Flaschen selbst pasteurisiert wurde. Zwecklos ist die bakteriologische Untersuchung der Kannen- oder Ausschankmilch, weil hier mit Nachinfektion zu rechnen ist und ein Schluß auf die Pasteurisierung selbst nicht gezogen werden kann.

Um den Erhitzungsgrad der Milch im Laboratorium zu kontrollieren, stehen gewisse Fermentreaktionen zur Verfügung, welche Rohmilch oder ein Gemisch von Rohmilch mit pasteurisierter Milch und ungenügend erhitzte Milch erkennen lassen. Hiebei prüft man bei hocherhitzter Milch auf Anwesenheit von Peroxydase, bei dauererhitzter Milch auf Anwesenheit von Diastase.

### a) Hocherhitzte und „momenterhitzte" Milch

1. *Storch*sche Reaktion[1]) (Peroxydasereaktion): Ungefähr 5 ccm der zu untersuchenden Milch werden in einem Proberöhrchen mit 1 bis 2 Tropfen einer 0,2-prozentigen Lösung von Wasserstoffsuperoxyd und mit 2 bis 3 Tropfen einer 2-prozentigen, frisch bereiteten Lösung von Paraphenylendiamin versetzt und geschüttelt. Die in roher Milch vorhandene Peroxydase spaltet das Wasserstoffsuperoxyd in Wasser und Sauerstoff, welch letzterer mit Paraphenylendiamin einen blauen Farbstoff bildet. Auch die Gegenwart von Kupfer-, Nickel-, Mangan- und Eisensalzen bedingt geringfügige Verfärbung.

---

[1]) Ztschr. f. Untersuchung d. Nahrungs- u. Genußmittel, 1899, 2, 239.

Nach *van Dam*[1]) wird die Peroxydase bei steigender Temperatur in rasch fallender Zeit vernichtet (die Milch bleibt weiß):

| Grade Celsius | Erhitzungsdauer |
|---|---|
| 72 | 30' |
| 73 | 13' 30'' |
| 74 | 6' |
| 75 | 2' 30'' |
| 76 | 1' 12'' |
| 77 | —' 30'' |
| 78 | —' 14'' |
| 79 | —' 6'' |
| 80 | —' $2^{1}/_{2}$'' |

Rohe und auch dauererhitzte Milch wird bei dieser Reaktion sofort intensiv blau gefärbt. Bei ungenügend hocherhitzter Milch tritt die Reaktion je nach dem Grad der erfolgten Behandlung schwächer oder auch erst später auf. Hoch- und momenterhitzte Milch (über 80⁰ erhitzte Milch) bleibt bei dieser Reaktion durch mindestens 1 Minute weiß. Bei mit Formalin konservierter Milch kann trotz ausreichender Erhitzung in dieser Zeit eine schwache Graufärbung auftreten, die jedoch von der obigen Blaufärbung leicht unterschieden werden kann.

Eine einfache Ausführungsart für die Praxis gibt *Tillmans*[2]) an, der zu 10 ccm Milch aus zwei Streugläsern je eine Prise Paraphenylendiamin und Baryumsuperoxyd (sog. Pfeffer- und Salzmethode) streut und eine etwa auftretende Verfärbung beobachtet.

2. Reaktion nach *Rothenfusser*.[3]) Ungefähr 5 ccm Milch (oder 5 ccm des aus 100 ccm Milch durch Schütteln mit 5 bis 6 ccm einer Lösung von basischem Bleiazetat und nachherigem Filtrieren hergestellten Serums) werden mit 2 Tropfen einer 0,3-prozentigen Wasserstoffsuperoxydlösung und mit 2 Tropfen des nachstehend beschriebenen Reagens versetzt und geschüttelt. Dieses Reagens wird folgendermaßen hergestellt: 1 g Paraphenylendiaminchlorhydrat wird in 15 ccm Wasser gelöst und mit einer Lösung von 2,0 g Guajakol in 135 ccm 96-prozentigen Alkohols vermischt (Rotviolettfärbung). Bei saurer Milch ist besser ein Reagens, hergestellt aus 100 ccm 30-prozentiger Essigsäure und 2 g reinstem Benzidin, anzuwenden (Blaufärbung). Sonst bleibt die Ausführung der Reaktion gleich. Bei Gegenwart von Formalin (als Frischhaltungsmittel) kann eine schwache Violettfärbung auftreten. Ebenso wird durch Kupfer-, Nickel-, Mangan- und Eisensalze eine schwache Violettfärbung hervorgerufen.

---

1) *Weigmann*, Pilzkunde der Milch, 2. Aufl., S. 260.
2) Ztschr. f. Untersuchung d. Nahrungs- u. Genußmittel, 1912, 24, 61.
3) Ebenda, 1908, 16, 71.

3. Reaktion nach *W. Grimmer*.[1]) Einige Kubikzentimeter Milch werden mit 2 Tropfen einer Lösung von 1 g Guajakol in 10 ccm Alkohol, die mit Wasser auf 100 ccm verdünnt wird, und 1 bis 2 Tropfen einer 0,1-prozentigen Wasserstoffsuperoxydlösung versetzt. Rohe Milch färbt sich intensiv ziegelrot, während gekochte und hochpasteurisierte Milch farblos bleiben.

### b) Dauererhitzte Milch

Zur Prüfung auf Dauererhitzung dient die Probe auf Diastase nach *Rothenfusser*.[2]) Hiezu werden 50 ccm Milch mit 2,5 ccm Bleiessig[3]) versetzt, tüchtig geschüttelt und filtriert.

10 ccm des Serums werden nach *K. Jeschki*[4]) mit 0,5 ccm einer 1-prozentigen Stärkelösung versetzt, durch Schütteln gemischt und 16 Stunden bei Zimmertemperatur oder bei 40° C 4 Stunden lang stehen gelassen. Nach dieser Zeit stellt man die Reaktion derart an, daß man gleiche Teile Serum und 0,002 n-Jodlösung in kleinen Probierröhrchen mit Glasstopfen mischt und den auftretenden Farbton beobachtet. Bei Gelb- oder Braunfärbung ist die Milch sicher nicht genügend erhitzt oder mit Rohmilch vermengt oder überhaupt Rohmilch, wobei jedoch zu beachten ist, daß schon bei einer Erhitzung auf 56 bis 58° die Reaktion in der Regel eine violette Färbung ergibt. Bei der Ausführung ist streng darauf zu achten, daß kein Speichel mit den Reagensflüssigkeiten in Berührung kommt.

Bereits saure Milch ist vorher auf 7 bis 8° S.H. zu neutralisieren. Konservierungsmittel stören diese Reaktion nicht. Mischungen von hoch- und dauererhitzter Milch, sowie die genaue Erhitzungstemperatur und Erhitzungsdauer lassen sich durch diese Reaktionen nicht feststellen.

## IV. Bakteriologische Untersuchung

Die bakteriologische Untersuchung ist unter Umständen zur Beurteilung der Milchbeschaffenheit unentbehrlich. Die vollkommen gesunde Milchdrüse scheidet keimfreie Milch ab, aber fast stets wandern vom Zitzenkanal Bakterien in die Zisterne ein und besiedeln so die ausströmende Milch. Dazu kommt die große Zahl von Mikroorganismen, mit denen die Milch bei der Gewinnung nach dem Verlassen des Euters, bei der Versendung und sonst infiziert werden kann, so daß man in der Regel mit einem größeren oder geringeren Gehalt der Milch an Keimen rechnen muß. Unmittelbar nach der Gewinnung verringert sich die Keimzahl der Milch infolge der ihr innewohnenden natürlichen bakterientötenden Kräfte, der sog. Bakterizidie, in einem gewissen Ausmaße.

[1]) Milchw. Zentralbl., 1915, 44, 246.
[2]) Ztschr. f. Untersuchung d. Nahrungs- u. Genußmittel, 1930, 60, 94.
[3]) Österr. Arzneibuch VIII, S. 178.
[4]) Milchwirtsch. Forschungen, 1932, 13, 508.

Die Keimzahl wird für je 1 ccm Milch angegeben und kann bei einwandfrei gewonnener Milch gesunder Kühe bis auf 1000 bis 2000 sinken, bei unrein gewonnener und lange aufbewahrter Milch auf viele Millionen ansteigen. Bei der Beurteilung der Milch ist außer der Zahl auch die Art der Keime maßgebend.

Die Angabe einer bestimmten Keimzahl ist nur dann zur vergleichenden Beurteilung und Bewertung geeignet, wenn die Probeentnahme einwandfrei erfolgte und wenn die vorgeschriebene Bestimmungsmethodik aufs genaueste eingehalten wird.

## A. Probeentnahme

Bei der Probeentnahme behufs bakteriologischer Untersuchung ist darauf zu achten, daß die Probefläschchen, die mindestens 30 bis 40 ccm fassen sollen, steril sind und durch einen sterilen Glasstopfen bzw. einen sterilisierten und paraffinierten Korkstopfen und eine sterile Gummikappe verschlossen sind. Soll auch eine biologische Untersuchung ausgeführt werden, so ist eine Menge von 250 bis 300 ccm notwendig.

Die Milch muß vor der Probeentnahme gründlich durchgemischt werden. Zur Erzielung einwandfreier Daten soll die Milchmenge, von der die Proben entnommen wurden, angegeben werden. Die Entnahme hat unter sterilen Bedingungen zu erfolgen. Die Proben sind möglichst sofort zu untersuchen, im Falle der Notwendigkeit eines Transportes nach kühler Lagerung (Eispackung) zu versenden. Erschütterungen während des Transportes sind tunlichst zu vermeiden. Die Anwendung chemischer Konservierungsmittel ist unzulässig. Die Zeit, die zwischen der Probeentnahme und der Untersuchung verstrichen war, ist im Zeugnis anzugeben.

## B. Orientierende mikroskopische Untersuchung

Um rasch einen Einblick in die Bakterienflora der Milch zu erhalten, empfiehlt sich die Anfertigung eines Ausstriches, zu dem zweckmäßig der Bodensatz des *Trommsdorff*- bzw. *Skar*-Röhrchens benützt wird. Auch Schleuderröhrchen, die nach unten konisch verlaufen und eine mit Gummistopfen verschließbare Öffnung besitzen, haben sich bewährt.

Die Benützung des Zentrifugatausstriches zur mikroskopischen Beurteilung des Bakteriengehaltes der Milch geht von der Voraussetzung aus, daß die Mikroorganismen, da sie spezifisch schwerer sind als die Milch, im Bodensatz angereichert werden. Diese Voraussetzung trifft jedoch nur im allgemeinen zu, denn je nach der in der Milch herrschenden Wasserstoffionenkonzentration bleibt eine größere oder geringere Zahl von Mikroorganismen in Schwebe und kann erst nach Hinzufügen einer geringen Menge einer verdünnten Säure und der dadurch bewirkten Aufhebung der den schwebenden Mikroorganismen innewohnenden elektrischen Ladung zur Sedimentierung veranlaßt werden. Manche Bakterien werden auch in der unmittelbar unter dem Rahm liegenden Milchschicht angereichert. Zur Anfertigung des Zentrifugatausstriches wird nach möglichst vollkommenem Abgießen der überstehenden Milch (und beim *Trommsdorff*- und *Skar*-Röhrchen auch nach Entfernung der Rahmreste) mit ausgeglühter Platinöse ein kleiner Teil des Bodensatzes auf einen sauberen Objektträger gebracht und entweder eine gewöhnliche Methylenblaufärbung oder eine *Gram*-Färbung vorgenommen.

Bei der *Gram*-Färbung heben sich im mikroskopischen Gesichtsfeld die *gram*positiven Bakterien (z. B. Streptokokken) in intensiver Blaufärbung von dem lichtroten Hintergrund und den kontrastgefärbten stärker rotgefärbten *gram*negativen ab. *Gram*positiv sind die meisten Mikrokokken, auch alle Streptokokken, die Milchsäurelangstäbchen, die aëroben Sporenbildner und die Aktinomyceten. Auch Oidien und Hefen zählen hieher. *Gram*negativ sind die Vertreter der Coli-Aërogenes-Gruppe und die meist nicht sporenbildenden Stäbchen, *gram*labil die Buttersäurebazillen und andere anaërobe Sporenbildner. Auch das Tuschefärbungsverfahren von *Burri* und das Nigrosinfärbungsverfahren von *Dorner* kann bei der Untersuchung des Sedimentausstriches mit Erfolg angewendet werden.

Bei diesen Verfahren wird eine geringe Menge des Sedimentes in 2 bis 4-fach verdünnter steriler Tusche bzw. einer wässerigen, 2-prozentigen Nigrosinlösung aufgeschwemmt, am besten mittels Deckgläschen über den Objektträger verteilt und der lufttrockene Ausstrich mit Ölimmersion betrachtet. Die Mikroorganismen heben sich dabei hell vom dunklen Untergrund ab.

## C. Lebendpräparate

Da im fixierten Ausstrichpräparat, besonders nach dessen Färbung, die Gestalt der Mikroorganismen oft verändert erscheint, empfiehlt es sich, ein Lebendpräparat im hängenden Tropfen nach der Methode von *P. Lindner* (in der Modifikation von *W. Henneberg*) in folgender Weise anzufertigen:

Man stellt sich in steriler Bouillon oder steriler Magermilch eine dünne Suspension des Zentrifugatausstriches (1500 bis 2000 Touren) her und führt auf einem sorgfältig in Alkohol und durch Abflammen über der Bunsenflamme sterilisierten, in eine *Cornet*-Pinzette geklemmten Deckgläschen mit einer sterilisierten und sodann in die Suspension getauchten Zeichenfeder 4 bis 5 feine Striche aus. Hierauf wird das Deckgläschen — die beschriebene Seite nach unten — auf einen passenden, sterilisierten, hohlgeschliffenen, mit Vaselinring versehenen Objektträger derart aufgedrückt, daß die Federstriche senkrecht zur Längsrichtung des Objektträgers zu liegen kommen. Die Ränder des Deckgläschens werden sodann mittels sterilisiertem Pinsel mit Vaselin so verstrichen, daß sich für die Kultur ein vollkommener Luftabschluß ergibt.

Zur Bebrütung werden diese „Federstrichkulturen" auf einen entsprechend gefalteten Karton gelegt und bebrütet. Nach 1 bis 3 Tagen bietet die mikroskopische Beobachtung der Federstriche ein gutes Bild der wachstumfähigen Mikroorganismen der Ausgangsmilch.

Eine analoge Untersuchung führt auch bei Rahm, Molke, Joghurt, Säurewecker, Butter, Käse u. a. m. zu brauchbaren Ergebnissen.

## D. Keimzahlbestimmung

Die Keimzahl kann nach der direkten oder auch der indirekten Methode erfolgen.

### a) Direkte Methode

Neben der direkten Methode von *Skar*[1]) hat heute die nach *Breed*[2]) infolge ihrer großen Einfachheit die weiteste Verbreitung gefunden. Bei dieser werden mittels einer Kapillarauslaufpipette 0,01 ccm Milch unter Zuhilfenahme einer Ausstrichschablone mit einer winkelig abgebogenen Nadel auf 1 qcm ausgebreitet und durch schwaches Erwärmen in 5 bis 10 Minuten abgetrocknet. Zur Fixierung, Entfettung und Färbung wird eine allen diesen Zwecken dienende, kombinierte Lösung von *Newman*[3]) verwendet: Methylenblaupulver 2 g, Alkohol (95 Prozent) 60 ccm, Xylol 40 ccm, Eisessig 6 ccm, in die der Objektträger für 1 bis 4 Minuten eingetaucht wird. Er wird sodann auf einer Heizplatte, in deren Ermanglung durch Auflegen auf Filtrierpapier, vollkommen getrocknet, abgespült, nochmals getrocknet und nach direktem Aufbringen von Zedernöl untersucht. Man benützt eine $^1/_{12}$-Ölimmersion und ein Objektmikrometer. Umfaßt das mikroskopische Gesichtsfeld z. B. eine Fläche von $^1/_{3000}$ qcm und finden sich in einem Gesichtsfeld drei Bakterien, so entspricht dies einer Keimzahl von $9000 \times 100 =$ $= 900.000$ je Kubikzentimeter.[4])

Je niedriger die Keimzahl der Milch, desto mehr Gesichtsfelder müssen durchsucht werden. Meist wird man bis zu 50 Felder untersuchen und dabei nicht jedes einzelne Bakterium, sondern nur die Gruppen von Bakterien zählen.

Bei der direkten Methode werden natürlich die toten Bakterien mit den lebenden ermittelt. Diesem Nachteil der *Breed*schen Methode stehen als Vorteil die Einfachheit und Raschheit der Ausführung und

---

[1]) Milchw. Ztlbl., 1912, 41, 454.
[2]) Ztlbl. f. Bakteriologie, II, 1911, 30, 337.
[3]) *K. J. Demeter* in: Handbuch d. Milchwirtschaft, Verlag J. Springer, Wien 1930, S. 345.
[4]) Ebenda, S. 347.

der Umstand gegenüber, daß eine Sterilisationseinrichtung nicht erforderlich ist.

Bei der Anwendung einer direkten Methode ist die Angabe erforderlich, ob es sich um rohe oder um erhitzte Milch handelt.

### b) Indirekte Methode

#### 1. Plattenverfahren

Wenn es sich um die Ermittlung genauer Keimzahlen handelt, so wird die von *R. Koch* stammende Plattenmethode angewendet.

Bei dieser Methode wird die Keimzahl durch Vermengen einer bestimmten Milchmenge mit einem der unten angegebenen Nährböden in der *Petri*-Schale, nachfolgendes Bebrüten der Platte bei entsprechender Temperatur während zweier (ev. auch mehrerer) Tage und Auszählen der gewachsenen Kolonien, bestimmt.

Von der zu untersuchenden Milch müssen zuerst Verdünnungen angelegt werden, z. B. 1:100, 1:1000, 1:10.000 usw. Zur raschen Vornahme der Verdünnungen empfiehlt sich die Verwendung einer 1,1 ccm fassenden Ablaufpipette mit der (bei einer Füllung) gleich zwei Verdünnungen angelegt werden können. Nach Einpipettieren von z. B. 1,0 ccm Verdünnungsflüssigkeit aus dem die Verdünnung 1:1000 enthaltenden Gefäße in die trocken sterilisierte *Petri*-Schale wird der im Erlenmeyerkolben oder im Proberöhrchen vorrätig gehaltene, verflüssigte und auf 45° C abgekühlte Nähragar in einer Menge von 10 ccm hinzugefügt und so umgeschwenkt, daß der Agar in der ganzen Schale gleich hoch steht; die auf der waagrecht eingestellten Kühlplatte erstarrten Kulturschalen werden umgestürzt und 2 Tage bei 37° C im Brutraum gehalten. Wenn möglich, soll dieser Bebrütung eine 5-tägige bei 20° C vorausgehen.

Beim Zählen der angegebenen Kolonien muß man sich vergegenwärtigen, daß zahlreiche Bakterien in Klumpen vereinigt sind und als eine einzige Kolonie aufscheinen werden und daß die Keimzahl mit der Bebrütungsdauer zunimmt. Die letztere ist daher ebenso wie die Temperatur des Brutraumes und die Art des Nährbodens genau anzugeben.

Beim Auszählen werden die mit freiem Auge oder unter Zuhilfenahme einer Handlupe ermittelten Kolonien mittels einer Feder angezeichnet. Die Zählung kann entweder unter Zuhilfenahme von *Brudny*s Zählstift oder des automatischen „*Veeder*"-Zählapparates vorgenommen und zur Steigerung der Übersichtlichkeit die Platte auf den *Wolfhügel*schen „Zählapparat" oder die *Lafar*sche Platte aufgelegt werden. Bei *Petri*-Schalen mit üblichem Durchmesser sollen nicht mehr als 500 und nicht weniger als 20 Kolonien berücksichtigt werden.

Berechnung der Keimzahl: Sind z. B. 400 Keime auf der Platte gewachsen, so gibt diese Zahl, wenn 1 ccm Milch zum Plattengießen verwendet wurde, die in 1 ccm Milch enthaltene Keimmenge an. Wurde mit Verdünnungen 1:10, 1:100, 1:1000 usw. gearbeitet, so muß die ermittelte Keimzahl, um eine immer auf 1 ccm sich beziehende Angabe zu erhalten, mit 10, 100, 1000 usw. multipliziert werden. Die Keimzahl beträgt also dann für je 1 ccm 4000, 40.000 usw. Keime.

## 2. Ausstrichverfahren

Neben dem Plattenverfahren können als weitere indirekte Methoden auch die Ausstrichkulturen von *Drigalski* und die von *Burri* zur Keimzahlbestimmung Verwendung finden. Bei ersterer wird 0,1 ccm Milch bzw. Milchverdünnung mit steriler Pipette auf die Oberfläche der erstarrten und wenigstens 24 Stunden im Brutschrank gehaltenen Agarplatte aufgebracht und mit *Drigalski*-Spatel gleichmäßig verteilt. Bei letzterer werden anstatt *Petri*-Schalen genügend vorgetrocknete Schrägagarröhrchen verwendet; mittels einer genau kalibrierten Öse wird 1 mg Milch bzw. Milchverdünnung auf der Agaroberfläche ausgestrichen. Die Methode hat den Vorteil geringen Materialverbrauches und der Ausschaltung zahlreicher, den anderen Verfahren anhaftender Infektionsmöglichkeiten.

a) **Herstellung des Ausstrichpräparates.** Auf einen gut gereinigten, entfetteten Objektträger bringt man mit einer ausgeglühten Platinöse einen Tropfen Wasser und überträgt in diesen mit Platinöse ein wenig von dem zu untersuchenden Material (Kolonie, Sediment usw.). Nach Vermischung und homogener Verteilung verstreicht man die Aufschwemmung gleichmäßig über den Objektträger und läßt an der Luft trocknen. Das Trockenwerden (Fixieren) kann man durch leichtes Erwärmen des Ausstriches über der Flamme, die bestrichene Seite nach oben, beschleunigen. Objekte wie Milch, Magermilch, Säurewecker usw., welche nicht zuviel Bakterien bzw. zellige Elemente enthalten, verstreicht man ohne Wasserverdünnung direkt auf dem Objektträger. Das Verstreichen kann mit dem geraden Teil des Drahtes der Platinöse oder einem mit der breiten Kante auf die Fläche des Objektträgers aufgesetzten Deckgläschen erfolgen. So vorbereitete, getrocknete und fixierte Präparate können entweder ungefärbt oder gefärbt nach Aufbringen eines Tröpfchens Immersionsöl ohne Deckgläschen unter dem Mikroskop beobachtet werden.

b) **Färbung des Ausstrichpräparates.** Die Färbung kann unter Anwendung eines einzigen Farbstoffes (einfache Färbung) oder mehrerer nacheinander zur Einwirkung gebrachter Farbstoffe erfolgen (Kontrastfärbung).

1. *Einfache Färbung.* Zum Färben tropft man mittels Pipette soviel Farblösung auf den Objektträger, daß der ganze Ausstrich damit bedeckt ist. Die Pipette darf dabei den Objektträger nicht berühren. Man läßt die Farblösung etwa 5 Minuten in der Kälte oder 10 bis 30 Sekunden, bei Erwärmung hoch über der Flamme, einwirken, spült mit Wasser

(unter Vermeidung des direkten Wasserstrahles) ab und trocknet, ev. durch Einlegen zwischen zwei Blätter Filterpapier.

Zur Färbung werden basische Anilinfarben, hauptsächlich Methylenblau verwendet, die außer Mikroorganismen auch Zellelemente intensiv färben. Verdünnte, länger einwirkende Farblösungen färben besser als konzentrierte Lösungen während kurzer Zeit. Man verwendet z. B. *Loefflers* Methylenblaulösung, bestehend aus 30 ccm gesättigter, alkoholischer Methylenblaulösung, 100 ccm dest. Wassers und 1 ccm 1-prozentiger Kalilauge oder Karbolfuchsin nach *Ziehl-Neelsen*, hergestellt aus 10 ccm alkoholischer 5-prozentiger Fuchsinstammlösung und 100 ccm 5-prozentigem Karbolwasser. Es bietet in der Verdünnung 1:10 sehr klare Bilder.

2. *Kontrastfärbung.* Die gebräuchlichste Kontrastfärbung ist die nach *Gram*, die sowohl zur deutlichen Darstellung der Bakterien als auch zu diagnostischem Zwecke verwendet werden kann; letzteres deshalb, weil sich nur bestimmte Bakterienarten — *gram*positive — nach dieser Methode färben lassen. Die Methode gelingt nur mit den Pararosanilinfarbstoffen Gentianaviolett, Methylviolett und Viktoriablau (die Herstellung der Farblösungen s. unten) und wird folgendermaßen ausgeführt:

Färbung des getrockneten Ausstrichpräparates mit z. B. Karbol-Gentianaviolettlösung 2 Minuten lang, dann ohne abzuspülen 30 Sekunden bis 2 Minuten lang in Jod-Jodkaliumlösung, die in bestimmten Bakterien die Entstehung einer in Alkohol unlöslichen Verbindung bewirkt. Hierauf ohne abzuspülen Entfärben in absolutem Alkohol, bis das Präparat dem Auge farblos erscheint. Die nach *Gram* färbbaren Bakterien sind jetzt schwarzblau gefärbt, alle übrigen Bakterien und die meisten Gewebselemente farblos. Sodann Nachfärben mit wässerig-alkoholischer Vesuvin- oder Fuchsinlösung durch einige Sekunden. Dadurch werden die das Violett nicht festhaltenden *gram*negativen Bakterien deutlich gefärbt. Endlich Abspülen in Wasser und Trocknen wie einfach gefärbte Präparate.

Bereitung der Farblösungen zur *Gram*-Färbung.

1. Karbolgentianaviolett (bzw. Methylviolett): 100 ccm $2^1/_2$-prozentiges Karbolwasser und 10 ccm gesättigte alkoholische Lösung des Farbstoffes.

2. Jod-Jodkaliumlösung: Zu einer Lösung von 2 g Jodkalium in 5 ccm destillierten Wassers wird 1 g Jod zugefügt. Nach dessen völliger Lösung wird mit destilliertem Wasser auf 300 ccm aufgefüllt.

3. Wässerig-alkoholische Vesuvin- oder Fuchsinlösung: Die gepulverten Farbstoffe werden mit 96-prozentigem Alkohol übergossen. Nach öfterem Umschütteln wird absetzen gelassen und die Flüssigkeit im Verhältnis 1:4 mit destilliertem Wasser gemischt und vor Gebrauch ev. filtriert. Bei Fuchsin wird fünffache Verdünnung angewendet.

Die Sichtbarmachung von Geißeln, Sporen und Kapseln erfolgt durch besondere Methoden, die in einschlägigen Werken angeführt sind.

## E. Klasseneinteilung

Die in der Milch vorkommenden Mikroorganismen lassen sich für praktische Erfordernisse, im allgemeinen nach *W. Henneberg*, in folgende Klassen einteilen:

a) **Hefen und Kahmhefen**, die namentlich nach Verabreichung von Futter, das einen Gärprozeß durchgemacht hat, auftreten und besonders auf älterer saurer Milch zu finden sind. Aber auch in frischer Rohmilch sind nicht selten milchzuckervergärende Hefen anzutreffen.

b) **Schimmelpilze**, die aus schimmeligem Futter herrühren können und namentlich auch auf alter Sauermilch, altem Joghurt und Kefir auftreten (weißer Rasen: Oospora [Oidium] usw., schwarzer Rasen: Aspergillus, Penicillium und Cladosporium, roter Rasen: Fuscarium).

c) **Milchsäurebakterien**, welche die Milch sauer machen und in folgenden Formen auftreten können:

1. Kokken (Diplo-, Tetra-, Strepto-, Staphylokokken);

2. Milchsäurelangstäbchen, die nicht aus dem Darmtrakt der Tiere herrühren und langsam, aber in reichlicher Menge Milchsäure bilden (z. B. Thermobacterium Joghurti und Th. bulgaricum, Acidophilus).

d) **Kot- bzw. Darmbakterien.** Zu ihnen zählt die Gruppe der Coli-Aërogenes-Bakterien, die in der Milch neben Säure auch Gase (Wasserstoff und Kohlensäure) bilden und wegen dieser Eigenschaften gefürchtet sind. Durch sie erhält die Milch auch den unerwünschten Stallgeruch und -geschmack.

e) **Buttersäurebazillen**, die teils aërob, teils anaërob sind, aus dem Erdboden mit Futter und Erdstaub in die Milch gelangen und neben einem ausgesprochenen Milchsäure- und Buttersäurebildungsvermögen auch das der Eiweißlösung besitzen. Es handelt sich um sporenbildende Langstäbchen, die z. B. Kasein lebhaft spalten und bis zu Indol und Skatol abbauen (Bac. putrificus *Bienstock*).

f) **Eiweißlösende Bakterien.** Zu ihnen zählen:

1. die harmlosen Euterkokken, die auch in reinlich gewonnener Milch vorhanden sind (*Gorinis* Mammokokken), aber auch als Erreger von Eutererkrankungen in Betracht kommende Kokken;

2. das als lebhafter Fettspalter bekannte, aus dem Wasser bzw. der Erde stammende Bacterium fluorescens, auch Ranzigkeitsbakterium genannt;

3. die Milch leicht alkalisch machende Alkalibildner und Bact. vulgare und die der Milch leicht einen bitteren Geschmack verleihenden Kokken und Kurzstäbchen;

4. sporenbildende Eiweißspalter, wie Kartoffelbazillus (Bact. mesentericus), ein Langstäbchen und der Heubazillus (Bac. subtilis). Sie spielen, da ihre Sporen durch die normale Hitzekonservierung

in der Regel nicht angegriffen werden, beim Verderben pasteurisierter Milch eine große Rolle.

g) **Farbstoffbildner**, die als Erreger abnorm gefärbter Milch (blaue Milch, gelbe Milch usw.) in Betracht kommen.

h) **Krankheitserreger**, d. h. den Menschen krankmachende Keime.

## F. Bestimmung technisch bzw. hygienisch wichtiger Bakteriengruppen

### a) Säure- bzw. Alkalibildner

1. Durch das Wachstum in 7-prozentiger Lakmusmilch (Magermilch, der 7 Prozent der käuflichen wässerigen, gesättigten Lakmuslösung zugesetzt werden und die hierauf dreimal in der S. 70 angegebenen Weise sterilisiert wird) erfolgt bei der Anwesenheit von Säurebildnern Rötung. Nach *L. Heim* kann durch die Beimpfung von Lakmusmilch auch eine Differenzierung der normalen Milchsäurestreptokokken (Str. lactis und Str. cremoris) von den Galtstreptokokken erfolgen[1]).

2. Zu dem Nähragar (Standardagar) werden 1 Prozent Laktose und auf 100 ccm des zuckerhaltigen, neutralen Agars 5 Tropfen gesättigte wässerige Chinablaulösung hinzugefügt. Kolonien der Säurebildner färben sich tiefblau. Die Platten können auch zur orientierenden Bestimmung der Nichtsäurebildner (Alkalibildner) und der Gesamtkeimzahl herangezogen werden.

Auf die Tätigkeit der Säurebildner in der Milch ist die Spaltung des Milchzuckers, die Bildung der Milchsäure, Essigsäure und anderer organischer Säuren und in der Folge die Kaseinfällung, das „Dickwerden" der Milch zurückzuführen. Die Bestimmung dieser Bakteriengruppe ist daher besonders wichtig.

3. *Endo*agar ($p_H = 7{,}5$): Wird bereitet aus 1000 ccm Nähragar, 15 g Milchzucker, 5 ccm gesättigter alkoholischer Fuchsinlösung und 25 ccm 10-prozentiger Natriumsulfitlösung.

Die Fuchsinlösung wird hergestellt, indem man 100 ccm 96-prozentigen Alkohol mit Kristallfuchsin 20 Stunden stehen läßt, abgießt und filtriert. Durch den Zusatz der Natriumsulfitlösung wird der Nährboden farblos, wenn der Agar erstarrt ist.

Man sterilisiert neuerdings 30 Minuten und bewahrt im Dunkeln auf (B. coli u. a. Säurebildner färben rot, Nichtsäurebildner lassen farblos).

### b) Eiweißzersetzer

Die Proteolyse wird am besten nachgewiesen auf dem Kalziumkaseinatagar nach *M. Klimmer*[2]), der folgendermaßen hergestellt wird:

---

[1]) *W. Ernst* in: *Grimmer*, Handbuch der Milchwirtschaft, I, S. 209.
[2]) *M. Klimmer*, Tierärztl. Milchkontrolle, Berlin 1929, S. 61.

1. Grundagar: 30 g Agar-Agar, 5 g Pepton *Witte* und 3 g Fleischextrakt *Liebig* werden mit 1000 ccm destilliertem Wasser gekocht ($p_H = 7,5$).

2. Kalziumkaseinat-Lösung: 100 ccm gesättigtes Kalkwasser, 6 g Kasein, rein (*Hammarsten*) und 50 ccm destilliertes Wasser werden im Schüttelapparat geschüttelt bis zur vollständigen Lösung (zirka 5 bis 6 Stunden). 1 Teil Kalziumkaseinat-Lösung von 50° C und 3 Teile, auf 50° C abgekühlten Grundagars gemengt, ergeben den gebrauchsfertigen Nährboden. (Erst unmittelbar vor Gebrauch mischen.)

### c) Coligruppe

Die Angehörigen dieser Gruppe sind durch ihr Vermögen, Gas zu bilden und Eiweiß abzubauen, gekennzeichnet und gehören zu den gefürchtetsten Molkereischädlingen. Ihr Vorhandensein gilt als direkter Maßstab für die Qualität und Haltbarkeit der Milch. Zum Nachweis von B. coli commune in der Milch kann auch die Indol-Reaktion herangezogen werden. Zu diesem Zwecke werden Verdünnungen der zu untersuchenden Milch ($^1/_{10}$, $^1/_{100}$, $^1/_{1000}$ usw.) wenigstens in doppelter, besser in dreifacher Ausführung in Trypsinbouillon geimpft, die in bestimmter Weise vorverdaut wurde und für die Indolbildung besonders geeignet ist.

Die Herstellung der Trypsinbouillon geht folgendermaßen vonstatten:

1000 ccm Fleischextraktbouillon, enthaltend 10 g Pepton *Witte* und 5 bis 10 g Fleischextrakt *Liebig*, mit einer Sodaalkalität über den Lakmusneutralpunkt hinaus (zirka 7 ccm n-Sodalösung) werden warm (35 bis 40° C) in dicht schließenden Glasstopfenflaschen (zubinden!) mit 0,2 g Trypsin *Grübler* und 10 ccm Chloroform versetzt und unter öfterem Durchschütteln 24 Stunden lang bei 37° C vorverdaut, durch ein feuchtes Faltenfilter filtriert, mit der dreifachen Menge physiologischer Kochsalzlösung verdünnt, zu zirka 5 ccm in Röhrchen abgefüllt und an 2 Tagen je 30 Minuten sterilisiert. Diese Lösung entspricht einem Gehalt von 0,25 Prozent Pepton. Sie ist wasserhell, gestattet selbst den anspruchsvolleren Bakterien gutes Wachstum, ist leicht herstellbar und von unwesentlichen Schwankungen des Fleischextraktes abgesehen, relativ konstant.

Wenn die Kultur bebrütet wird, so ist eine Indolbildung nach 24 Stunden durch andere als Colibakterien (z. B. Proteus usw.) unwahrscheinlich. Die Indolprüfung erfolgt je Röhrchen mit 25 bis 30 Tropfen des von *Kovacs* modifizierten *Ehrlich*schen Reagens folgender Zusammensetzung: Paradimethylamidobenzaldehyd 5,0 g, Amylalkohol 75 ccm und Salzsäure konz. 25 ccm.

Nach dem Zusatz des Reagens wird festgestellt, bis zu welcher Verdünnung die Reaktion noch positiv ausgefallen ist. Zeigt z. B. die Verdünnung $^1/_{1000}$ noch den charakteristischen roten Farbton, die Verdünnung $^1/_{10000}$ aber nicht mehr, so enthält die Milch in 1 ccm wenigstens 1000 Keime[1]).

Es muß aber darauf hingewiesen werden, daß die den Futtergeschmack in der Milch hervorrufenden Aërogenes-Bakterien durch die Indolreaktion nicht erfaßt werden können.

Die beiden nachfolgend beschriebenen Methoden ermöglichen die gemeinsame Bestimmung der beiden Bakteriengruppen, gestatten aber keine Unterscheidung zwischen ihnen.

1. Methode nach *Klimmer, Haupt* und *Borchers*[2]). Diese Arbeitsweise besitzt für Massenuntersuchungen den Vorteil, daß sie als Plattenmethode ausführbar ist und bei geringem Arbeitsaufwand verläßliche Zählresultate liefert. Die Zusammensetzung des Nährbodens ist folgende:

1000 ccm destilliertes Wasser, 3 g Fleischextrakt (*Liebig*), 5 g Pepton *Witte*, 25 g Agar-Agar, 10 g Laktose, 10 ccm 1,5-prozentiger Bromthymolblaulösung. Statt Fleischextrakt und Pepton können auch 12,5 g Standard I Bouillonpulver nach *Kuczynski* (*Merck*) verwendet werden.

Der in üblicher Weise bereitete, mittels 10-prozentiger Sodalösung auf die Stufe $p_H = 6{,}8$ eingestellte und sterilisierte Nährboden erhält kurz vor Gebrauch auf je 100 ccm verflüssigten Agars $^1/_2$ ccm einer 1-prozentigen wässerigen Trypaflavinlösung zugefügt.

Zur Zählung der Coli-Aërogenes-Keime werden wie bei der Bestimmung der Gesamtkeimzahl entsprechende Verdünnungen angelegt. Doch empfiehlt es sich, von der hundertfachen als niedrigster Verdünnung auszugehen und davon 5 ccm zur Aussaat zu verwenden, da bei Aussaat unverdünnter oder nur 1 : 10 verdünnter Milch auch vereinzelte Kolonien anderer, allerdings in ihrem Wachstum von den Coli-Aërogenes-Kolonien unterschiedener Bakterien aufgehen.

Auf diesem Nährboden wachsen die Colibakterien in mittelgroßen typischen Kolonien von orangegelber Farbe. Die Aërogeneskolonien sind meist undurchsichtiger und zeigen schleimige Konsistenz.

2. Eine andere oft geübte Methode des Colinachweises in Milch ist die Feststellung der Gasbildung in Galle-Gentianaviolett-Bouillon nach *Kessler* und *Swenarton*[3]) im *Durham*-Röhrchen.

Die Bouillon wird in folgender Weise hergestellt:

1 Liter kochendes Wasser wird mit 50 g Rindergalle und 10 g Pepton versetzt und 1 Stunde gekocht, dann werden 10 g Laktose zugefügt, auf Phenolphtaleinneutralität eingestellt und filtriert. Nach Zugabe von 4 ccm einer 1-prozentigen Lösung von Gentianaviolett wird in

---

[1]) Bezüglich der variationsstatischen Auswertung der Ergebnisse siehe *K. J. Demeter* in: Handbuch der Milchwirtschaft, I. Bd., und *E. Krombholz* in: Ztlbl. f. Bakteriologie, I. Originale, 1929, 14, 138.

[2]) Milchw. Forschungen, 1929, 9, 236.

[3]) *K. J. Demeter* in: Handbuch d. Milchwirtschaft, Verlag Julius Springer, Wien 1930, S. 367.

Röhrchen gefüllt, ein Gärröhrchen blasenfrei hineingesenkt und an 3 Tagen je 25 Minuten sterilisiert.

Die zu untersuchende Milch wird in abfallender Konzentration in die Röhrchen verimpft. Das Gas sammelt sich bei 24-stündiger Bebrütung bei 37⁰ C in der Spitze des Gärröhrchens und dient als Indikator für das Vorhandensein von Bakterien der Coli-Aërogenes-Gruppe.

Nach Zusatz von Agar kann dieser Nährboden auch für eine Schüttelkultur Verwendung finden und wird dann folgendermaßen hergestellt:

1 Liter kochendes Wasser wird mit 50 g Rindergalle und 10 g Pepton versetzt und 1 Stunde gekocht, dann werden 10 g Laktose zugefügt; es wird auf Phenolphtaleinneutralität eingestellt und 1,5 Prozente Agar zugegeben, gekocht und filtriert. Hierauf erfolgt erst die Zugabe des Farbstoffes, und zwar 4 ccm einer 1-prozentigen Gentianaviolettlösung. Dann wird in Röhrchen abgefüllt und 15 Minuten bei 1 Atm. im Autoklaven sterilisiert.

Mit Hilfe dieses Nährbodens werden Coli-Aërogenes-Nachweis-Schüttelkulturen in der Weise angestellt, daß die wieder flüssig gemachten Galle-Agar-Röhrchen bei 40⁰ C mit $^1/_{10}$ und $^1/_{100}$ ccm der zu untersuchenden Proben beimpft werden. Die Bebrütung erfolgt 72 Stunden bei 37⁰ C. Bei Anwesenheit von Coli-Aërogenes-Bakterien wird der Agar in den Röhrchen bei schwacher Gasentwicklung mit Gasblasen durchsetzt, bei starker Gasbildung in Stücke zerrissen und stückweise hochgetrieben.

### d) Anaërobe Sporenbildner

1. Sporogenesprobe.

Da die anaëroben Sporenbildner der Milch leicht zu Magen-Darmerkrankungen, besonders bei Kindern, führen können, ist deren Nachweis in der Milch von großer Bedeutung.

Eine expeditive Methode ist die von *Weinzirl*[1]) angebene sog. Sporogenesprobe. Etwa 1 ccm geschmolzenes Paraffin wird in einem Reagensglase, das mit Watte verstopft ist, im Autoklaven keimfrei gemacht. Mittels steriler Pipette werden 5 bis 10 ccm der fraglichen Milch in das Röhrchen gegeben und 10 bis 15 Minuten im strömenden Dampf auf 80⁰ C erhitzt. Eine neuere Modifikation sieht ein 1, 2 und 3 Minuten langes Belassen der Röhrchen im kochenden Wasser vor. (Dauer der Erhitzung angeben!) Das Paraffin schmilzt, steigt in die Höhe und schließt beim Erkalten die darunter befindliche durch das Kochen von Sauerstoff befreite Milch luftdicht ab. Da durch das Kochen die vegetativen Formen der Bakterien abgetötet sind, kommen bei der angeschlossenen dreitägigen Bebrütung bei 37⁰ C nur etwa vorhandene Sporen zum Auskeimen. Durch die Gasbildung wird der Paraffinpfropf in die Höhe gehoben und kann bei lebhafter Gasentwicklung schließlich den Watteverschluß aus der Röhre treiben.

---

[1]) *K. J. Demeter* in: Handbuch der Milchwirtschaft, S. 368.

2. Dextroseagar für den Nachweis von Buttersäurebazillen nach *Dorner*[1]).

Standardagar mit 2 Prozenten Dextrose wird in Röhrchen gefüllt, dem in normaler Weise keimfrei gemachten Nährboden das zu untersuchende Material zugesetzt und während 10 Minuten bei 80⁰ C auf dem Wasserbad pasteurisiert. Die Anwesenheit von Buttersäurebazillen gibt sich durch intensive, den Agar zerreißende Gasbildung und intensiven Buttersäuregeruch zu erkennen.

### e) Hefen und Schimmelpilze

Diese werden auf Spezialnährböden, am besten auf schwach sauer, gut sterilisierter Bierwürze bzw. Bierwürzeagar, gezogen. Nährbieragar nach *Stiritz* und *Hill*[2]). Man füllt den Inhalt einer Halbliterflasche Doppelmalzbier (Bockbier) mit gewöhnlichem Wasser auf 900 ccm auf, fügt 14 g gewaschenen Agars hinzu, kocht, filtriert und verteilt die Masse zu je 100 ccm in kleine Erlenmeyerkolben. Dann wird im Autoklaven $\frac{1}{2}$ Stunde bei 1 bis $1\frac{1}{2}$ Atm. sterilisiert. Vor dem Plattengießen gibt man zu je 100 ccm wieder flüssig gemachten Agars 4 ccm einer sterilen 5-prozentigen Milchsäurelösung. Dadurch werden die für das Wachstum der Schimmelpilze und Hefe benötigten sauren Bedingungen geschaffen. Die Milchsäure darf nicht vor dem Sterilisieren zu dem Agar gegeben werden, weil er sonst durch die Säure hydrolisiert würde unter gleichzeitigem Verlust der Fähigkeit, wieder zu erstarren. Der Wert dieses Agars liegt darin, daß sich die Bakterienkolonien, die oft zu Verwechslungen mit Hefekolonien Anlaß geben können, überhaupt nicht entwickeln.

### G. Nährböden

In der bakteriologischen Milchuntersuchung werden flüssige und feste Nährsubstrate zur Kultur der Mikroorganismen verwendet. Da schon kleinste Verschiebungen in der Zusammensetzung und Bereitung der Nährböden jede Vergleichsmöglichkeit der Kulturergebnisse ausschließen, so ist die Einheitlichkeit in Bereitung und Zusammensetzung der für die Züchtung der Mikroorganismen verwendeten Nährsubstrate eine nicht zu umgehende Voraussetzung jeder bakteriologischen Milchuntersuchung. Für die Einstellung der Wasserstoffionenkonzentration der flüssigen Nährböden ist die Bromthymolblaufolie von *Wolf* empfehlenswert.

### a) Flüssige Nährböden

1. **Sterile Magermilch.** Frische Zentrifugenmagermilch wird zu je 10 ccm in Reagensgläser gefüllt und 3 Tage nacheinander je $\frac{1}{2}$ Stunde im *Koch*schen Dampftopf sterilisiert. Höhere Temperaturen oder

---

[1]) Landw. Jahrbuch der Schweiz, 1924, 38, 175.
[2]) Milchw. Forschungen, 1931, 11, 423.

längeres Verweilen im Dampftopf bräunen infolge Karamelisierung der Laktose die Milch.

2. **Fleischwasser.** 500 g kleingehacktes, fettfreies Rindfleisch werden mit 1000 ccm Wasser 24 Stunden bei Zimmertemperatur (oder $1/_2$ Stunde bei 50° C) mazeriert. Nach Filtration wird auf 1000 ccm aufgefüllt. Anstatt Rindfleisch können auch 6 g *Liebigs* Fleischextrakt oder 12 g gekörnte Bouillon verwendet werden. Dieses Fleischwasser ist das Ausgangsmaterial für Nährbouillon, Nährgelatine und Nähragar.

3. **Nährbouillon.** a) Gewöhnliche Fleischbouillon ($p_H$ = 6,8): 1000 ccm destilliertes Wasser, 500 g gehacktes, fettfreies Rindfleisch, 10 g Pepton *Witte*, 5 g Kochsalz;

b) Würze-Bouillon ($p_H$ = 6,8): 1000 ccm destilliertes Wasser, 12 g gekörnte Bouillon, 10 g Pepton;

c) *Liebig*-Fleischextrakt-Bouillon ($p_H$ = 6,8): 1000 ccm destilliertes Wasser, 10 g Pepton *Witte*, 6 g Extrakt;

d) *Merck*sche Standardbouillon I ($p_H$ = 6,8): 25 g des Pulvers ergeben, in 1 Liter destillierten Wassers in der Wärme gelöst und sterilisiert, eine Nährflüssigkeit, welche die Qualitäten einer peptonhaltigen Fleischbrühe besitzt.

4. **Bierwürze.** Aus der Brauerei bezogene Bierwürze wird sterilisiert, einige Wochen absetzen gelassen, klar abgegossen, in Röhrchen gefüllt und nochmals sterilisiert.

### *b) Feste Nährböden*

1. **Fleischwasser-Pepton-Gelatine** ($p_H$ = 6,8) erhält man durch Zusatz von 150 g (im Sommer besser 200 g) Gelatine zu den vorstehend unter 3 a), b) oder c) genannten Bouillonarten. Man erwärmt im Dampftopf bis alles geschmolzen ist und sterilisiert die gefüllten Röhrchen an drei aufeinanderfolgenden Tagen 15 Minuten lang.

Gelatine-Nährboden schmilzt bei 25° C und ist daher im heißen Sommer und bei Bruttemperatur nicht verwendbar. Da aber Gelatine-Nährboden von manchen Bakterien verflüssigt wird, hat dieser diagnostische Bedeutung.

2. **Nähragar.** 10 bis 20 g kleingeschnittener Agar werden in 1000 ccm Fleischwasser (s. oben) zum Quellen gebracht (am besten über Nacht bei Zimmertemperatur). Dann kocht man in einem gewöhnlichen Emailtopf $^3/_4$ bis 1 Stunde über offener Flamme unter Umrühren, ersetzt den Verdampfungsverlust und gibt 10 g vorher in einer Reibschale gelöstes Pepton und 5 g Kochsalz hinzu. Man neutralisiert, erhitzt auf 2 Atm. im Autoklaven und filtriert im Heißwassertrichter durch ein doppeltes, mit heißem Wasser gut befeuchtetes Faltenfilter (oder durch eine 1 cm dicke Schicht entfetteter Watte).

Zur Vermeidung von trübem oder gebräuntem Agar ist vorheriges Quellenlassen und Hinzufügen des gelösten Peptons unerläßlich.

Der fertige Agar wird in Reagensröhrchen gefüllt oder in *Petri*-schalen ausgegossen. Für das *Burri*sche Ausstrichverfahren u. a. Kulturverfahren wird das Agarröhrchen beim Erkalten schräggelegt (Schrägagar).

Der Nähragar hat für die rasche Züchtung der Bakterien bei Bruttemperatur größte Bedeutung. Auf Vorrat angefertigter Nähragar wird am besten in 100 ccm fassenden Kölbchen im Kühlschrank aufbewahrt, vor dem Gebrauch kurz aufgekocht und nach Abkühlung auf 40 bis 45⁰ C in Platten gegossen.

Je nach Bakterienart werden dem Nähragar 1 bis 4, gewöhnlich 2 Prozent Trauben- oder Milchzucker zugesetzt. Man löst die Zuckerarten in einer kleinen Menge Wassers, sterilisiert kurz im Dampftopf und setzt die Lösung dem fertigen, noch flüssigen Nähragar zu.

## V. Biologische Untersuchung

### A. Gärprobe

Um bakterielle Fehler, die sich an der Milch selbst nicht feststellen lassen, leichter wahrnehmbar zu machen, werden Milchproben bei der für das Wachstum zahlreicher Mikroorganismen besonders günstigen Temperatur von 37 bis 40⁰ C aufbewahrt. Etwa vorhandene unerwünschte Keime vermehren sich unter diesen Bedingungen rascher als bei den praktisch in Betracht kommenden niedrigen Temperaturen, und die durch ihre Lebenstätigkeit hervorgerufenen Folgeerscheinungen können zur Beurteilung der Milchqualität herangezogen werden. Die dieses bezweckende Gärprobe wird stets in doppelter Ausführung so angesetzt, daß 10 bis 20 ccm roher Milch in saubere sterilisierte Gärproberöhrchen gefüllt und 24 Stunden im Brutraum (Wärmeschrank) von 37⁰ C aufbewahrt werden. Nach 12 Stunden erfolgt die erste, nach 24 Stunden die endgültige Beurteilung der Gärproben. Vorwiegend Milchsäurebakterien enthaltende Milch zeigt eine gleichmäßige, gallertige Gerinnung, während unerwünschte Keime ein käsiges, zigeriges, schleimiges oder blasig aufgetriebenes Gerinnungsbild verursachen können.

Nach *Wyßmann* und *Peter*[1]) läßt die Beurteilung des Aussehens der Gärprobe folgende Schlüsse zu:

Klasse 1: Gleichartige gallertige Gerinnung: ziemlich reine Milchsäuregärung.

Klasse 2: Käsige Gerinnung: Käsestoff nach Art einer gelabten Milch zusammengezogen, aber zusammenhängend: Vorhandensein labbildender Bakterien.

Klasse 3: Zigerige Gerinnung: Käsestoff in Körnern oder Flocken zerrissen, mißfarbige Molke: anormale Gärungserreger.

Klasse 4: Blähungen: Gerinnsel mit Blasen durchsetzt oder schwammig gebläht: Blähungserreger, wie Bact. coli und Bact. lactis aërogenes.

---

[1]) *Wyßmann* und *Peter*, Milchwirtschaft, IV. Aufl., S. 100.

Durch die Aufstellung von je 3 Abstufungen in jeder der 4 Klassen ist eine weitgehende Unterteilung der Milchproben ermöglicht. Einwandfreie Milch soll nach 12 Stunden noch nicht geronnen sein, nach 24 Stunden aber normale gallertige Gerinnung aufweisen. Bei der Beurteilung der Gärprobe ist außer auf das Gerinnungsbild auch auf die Molkenausscheidung, den Geruch und Geschmack, den Bodensatz usw. zu achten.

In ähnlicher Weise kann auch erhitzte (pasteurisierte) Milch nach dem Vorschlage von *K. Schern* zur Beurteilung des Vorhandenseins thermoresistenter Keime der Gärprobe unterworfen werden (Kochgärprobe).

<h3 style="text-align:center">B. Reduktaseprobe</h3>

Setzt man einer bestimmten Milchmenge eine gewisse Menge einer Lösung von Methylenblau zu, so kann aus der Zeitdauer, welche bis zur Entfärbung verstreicht, auf die Haltbarkeit der Milch hinsichtlich des Sauerwerdens geschlossen werden. Die von *Schardinger*[1]) stammende Methylenblau-Reduktaseprobe — andere Farbstoffe, wie Janusgrün und Resazurin, haben sich nicht voll bewährt — ist eine Annäherungsmethode der Qualitätsbestimmung für Sammel- und Mischmilch, die sich im praktischen Betriebe bewährt hat. Die Entfärbungszeit wird durch die säurebildenden Mikro- und Streptokokken sowie Vertreter der Coli-Aërogenes-Gruppen bedingt, gibt keinen sicheren Maßstab für die Menge der vorhandenen Bakterien, sondern liefert einen praktischen Erfordernissen gerechtwerdenden Anhaltspunkt für die Beurteilung der Haltbarkeit der Milch.

Die Methylenblau-Reduktaseprobe wird ausgeführt, indem in gewöhnlichen, sauber gereinigten Reagensgläsern zu 10 ccm Milch $^1/_2$ ccm Methylenblaulösung hinzugefügt, gut durchmischt und die Mischung bei 37 bis 38° C (Brutschrank oder Wasserbad) aufbewahrt wird.

Die Methylenblaulösung wird hergestellt, indem man 5 ccm gesättigte alkoholische Methylenblaulösung mit 195 ccm destillierten Wassers mischt. Als Methylenblau ist das reine chlorzinkfreie Methylenblau medicinale nach Öst. Arzneibuch VIII zu verwenden. Keimarme Milch soll sich hiebei innerhalb 7 Stunden nicht entfärben.

Bei der Deutung der Ergebnisse ist zu berücksichtigen, daß sich unter Einwirkung des Luftsauerstoffes das reduzierte, also entfärbte Methylenblau leicht wieder blau färbt. Es empfiehlt sich daher, das obere Drittel nicht zu berücksichtigen.

Nach dem Vorschlage von *Orla Jensen*[2]) kann die Reduktaseprobe mit der Gärprobe insofern vereinigt werden, als nach Feststellung der Entfärbungszeit die Proben weiterhin im Thermostaten oder Wasserbad verbleiben und nach 24 Stunden zur Beurteilung der Milchbeschaffen-

---

[1]) Ztschr. f. Untersuchung d. Nahrungs- u. Genußmittel, 1902, 5, 1113.
[2]) Milchwirtschaftl. Zentralblatt, 1912, 41, 417.

heit wie bei der gewöhnlichen Gärprobe verwendet werden (Gärreduktaseprobe).

Obwohl die Reduktaseprobe gewöhnlich nur zur Qualitätsbeurteilung roher Milch dient, bietet ihre Ausführung auch bei erhitzter Milch einen guten Anhaltspunkt zur Beurteilung des Vorhandenseins von durch den Pasteurisierungsprozeß nicht vernichteten thermoresistenten Keimen (Kochreduktaseprobe).

### C. Labgärprobe

Zur Vornahme der Labgärprobe wird der in ein steriles Gärproberöhrchen gefüllten Milch Lablösung zugesetzt. Die Lablösung wird bereitet, indem in $1/_2$ Liter abgekochten und unter sterilen Bedingungen erkalteten, reinen Wassers eine *Hansen*sche Labtablette aufgelöst wird. Mit steriler Pipette werden zur Milchprobe 4 Prozent Lablösung hinzugefügt. Diese Lösung ist stets frisch zu bereiten.

Die Mischung wird gut durchgeschüttelt und für 24 Stunden in einen auf 37 bis 40° C gehaltenen Wärmeschrank (Brutraum) gebracht. Die erste Beurteilung erfolgt nach 12 Stunden, die endgültige nach 24 Stunden.

Einwandfreie Milch liefert nach 12 Stunden geschlossene, gerade, feste, griffige, schöne Käschen ohne Löcher, was durch das Beurteilen, Kosten, Betasten und Zerschneiden des Koagulums geprüft wird. Daneben muß auch Aussehen, Geruch und Geschmack der ausgeschiedenen Molke beurteilt werden. Unerwünschte Käschenbildung ist solche mit kleinen und großen Rissen, mit vielen kleinen bis mittelgroßen Löchern (Nißlerbildung), mit vielen mittelgroßen Löchern (Preßlerbildung) und mit großlochiger oder kleinlochiger, schwammiger Blähung[1]).

Analog wie mit roher Milch kann auch mit erhitzter (dauererhitzter) Milch die Labgärprobe angestellt werden (Kochlabgärprobe).

### D. *Trommsdorff*sche[2]) Leukozytenprobe

Um in der Milch eine Vermehrung der weißen Blutkörperchen nachzuweisen, die bei namhaftem Umfange ein Zeichen für gestörte Sekretionsvorgänge ist, schleudert man die Milchprobe in geeigneten Zentrifugengläschen aus und führt so eine Anreicherung der Leukozyten (Eiter) und sonstiger schwererer Teilchen am Boden des Zentrifugenröhrchens herbei.

*Trommsdorff* benützte zu dieser Prüfung besonders konstruierte, am Boden in eine kurze, mit Teilung versehene Kapillare ausgezogene

---

[1]) In der einschlägigen Fachliteratur finden sich Abbildungen der Käschen aus normaler und abnormaler Milch; sie können zur Beurteilung herangezogen werden (Siehe *Teichert*, Methoden zur Untersuchung von Milch und Molkereierzeugnissen; *Grimmer*, Milchwirtsch. Praktikum.)

[2]) Münch. med. Wchschr., 1906, 541.

Röhrchen (*Trommsdorff*-Röhrchen), die nach Einfüllung von 10 ccm Milch mit Korkstopfen verschlossen und entweder in einer besonderen oder in der für die *Gerber*sche Milchfettbestimmung benützten Zentrifuge durch 3 bis 5 Minuten geschleudert werden. Im letzteren Falle wird der verjüngte Teil des Röhrchens in einen halbdurchbohrten Korkstöpsel gesteckt, der das Röhrchen beim Schleudern vor dem Zerdrücken schützt. 1 Teilstrich entspricht etwa $1^0/_{00}$ Bodensatz.

Bei der Beurteilung des in der Kapillare sich abscheidenden Bodensatzes muß neben seiner Menge auch Farbe und sonstiges Aussehen beachtet werden. Reicht der Bodensatz bis zum Teilstrich 1 und darüber, so rührt die Milch, namentlich wenn das Zentrifugat zum größten Teil aus Leukozyten besteht, meistens von einer gestörten Sekretion her, doch liefert auch Kolostralmilch einen starken Bodensatz. Gelber Bodensatz (Eiter) deutet auf eine Erkrankung des Euters, desgleichen zumeist auch ein durch Blutbeimengungen rotgefärbter Bodensatz. Milchschmutz färbt den Bodensatz grau. Es sei jedoch darauf hingewiesen, daß eine genaue Deutung des Ergebnisses dieser Prüfung n u r durch die mikroskopische Untersuchung des Bodensatzes möglich ist.

Da die Kapillare des *Trommsdorff*-Röhrchens schwer zu reinigen ist, zieht man neuerdings die von *Skar* angegebene Form, die an Stelle der engen Kapillare eine kurze Verjüngung aufweist, vor. Diese ist so ausgebildet, daß die Verengung etwa $2^0/_{00}$ des gesamten Röhrcheninhaltes aufnimmt, so daß sich die Menge des Zentrifugates schätzen läßt.

Menge und Art der in der Milch vorhandenen zelligen Elemente kann von großer Wichtigkeit für die Beurteilung der Milch sein. Es empfiehlt sich, hiebei die Anfertigung eines Zentrifugatausstriches nach *Giemsa*[1]) oder *Christiansen*[2]).

## E. Katalaseprobe

Die Ermittlung des Katalasegehaltes, also eine Vorprobe zur Beurteilung der Käsereitauglichkeit der Milch hat durch die Feststellung an Wert eingebüßt, daß die Bakterien, die sich rein fermentativ ernähren wie z. B. die echten Milchsäurebakterien und manche anaërobe Eiweißspalter, keine Katalase bilden und daß durch gewisse klimatische Einflüsse der Katalasegehalt des Blutes und der im Zusammenhang damit stehende Katalasegehalt der Milch beeinflußt wird. Ihr Wert bleibt aber bestehen, wenn es sich um die im Viertelgemelke vorzunehmende Feststellung krankhaft veränderter Milch handelt, die durch einen hohen Katalasegehalt gekennzeichnet ist oder wenn die Beimischung gleichfalls viel Katalase besitzender Kolostralmilch erhoben werden soll.

---

[1]) *Giemsa, Stang* und *Wirth*, Tierheilkunde und Tierzucht, Bd. 2, S. 441.
[2]) Milchw. Forschungen, 1929, 7, 233.

Zur Ermittlung des Katalasegehaltes werden in einem besonders konstruierten „Katalaser" 5 ccm einer 1-prozentigen Wasserstoffsuperoxydlösung mit 15 ccm Milch gemischt und der nach 2 Stunden bei 22⁰ C gebildete Sauerstoff volumetrisch bestimmt. Katalasezahlen über 2 machen die Milch verdächtig, während die Temperatur der Untersuchung in den Grenzen zwischen 15 und 25⁰ C keine Rolle spielt.

Da die wässerige Lösung von Wasserstoffsuperoxyd nur beschränkt haltbar ist, empfiehlt es sich, eine schwach alkoholische, mehrere Monate hindurch haltbare Lösung zu verwenden.

## 4. Beurteilung

Gesundheitsschädlich ist giftige Milch (S. 20), infizierte Milch (S. 20), infolge von Milchfehlern (S. 19) und wegen Verschmutzung ekelerregend veränderte Milch, ferner Milch, die entsäuert oder mit Konservierungsmitteln versetzt wurde, wobei die Art und der Grad der Neutralisation gleichgültig ist, ebensolcher oder mit gesundheitsschädlichen Rahmverdickungsmitteln versetzter Rahm (S. 29), ebensolche Magermilch (S. 29), kondensierte Milch (S. 33), Trockenmilch (S. 34) usw.

Verdorben ist Milch, die mit den auf S. 17 ff. angeführten Milchfehlern behaftet ist, gelbe Milch nur dann, wenn die Gelbfärbung von einer bakteriellen Infektion herrührt (S. 17), endlich unreine, also auch verschmutzte Milch (S. 56), alle diese jedoch mit der Einschränkung, daß es sich um leicht wahrnehmbare Mängel, nicht aber um Fehler handelt, die nur von sachkundigen Personen erkannt zu werden vermögen. Verdorben ist auch als Frischmilch verkaufte oder feilgehaltene Milch, die beim Kochen gerinnt. Joghurt ist als verdorben zu erklären, wenn er Hefen oder Oospora (Oidien) in größeren Mengen enthält oder einen Rasen von anderen Schimmelpilzen an der Oberfläche zeigt, Kefir bei einem größeren Gehalt an Oospora (Oidien). Als verdorben ist auch Milch zu erklären, die in verschmutzten oder stark verrosteten Kannen aufbewahrt wurde, ferner in Gärung begriffene oder mit abnormalem Geschmack, Geruch, Aussehen oder Konsistenz behaftete kondensierte Milch (s. auch S. 34), endlich ranzige und talgige Trockenmilch und alle sonstigen Milcherzeugnisse, welche in Geschmack, Geruch, Aussehen so verändert sind, daß sie den bezüglichen Anforderungen (S. 34 bis S. 36) nicht mehr entsprechen.

Verfälscht sind Milch oder Milcherzeugnisse, die einen Wasserzusatz erhalten haben, (bezüglich Buttermilch s. S. 77), und zwar gleichgültig, ob das Wasser als solches oder als Eis zugesetzt wurde, ferner Milch, deren Fettgehalt vermindert wurde, gleichgültig, ob diese Verminderung durch Fettentzug unmittelbar oder ob sie durch Zusatz von Magermilch oder durch „gebrochenes" Melken (S. 4) erfolgte. Verfälscht ist ferner jene Milch, welche sowohl gewässert als auch entrahmt wurde und jene, der fremde Stoffe nicht gesundheitsschädlicher Art, insbesondere auch artfremdes Fett, zugesetzt wurden, wofern sie nicht zwecks Konservierung oder Entsäuerung zugesetzt wurden, ferner Milch mit einem Zusatz anderer Milcharten, wie z. B. Ziegenmilch, ohne Kennzeichnung und der sinnlich wahrnehmbare Zusatz von Kolostralmilch; weiters Rahm mit einem Zusatz von Wasser, Molke oder Buttermilch oder nicht gesundheitsschädlichen Rahmverdickungsmitteln (S. 29). Buttermilch ist als gewässert zu erklären, wenn der unter Kennzeichnung gestattete, beim Butterungsprozeß erfolgende 15-prozentige Wasserzusatz überschritten wird. Als Verfälschung gilt auch die Beimischung von artfremdem Fett zu Milcherzeugnissen.

Joghurt ist außerdem dann als verfälscht zu erklären, wenn er unter Zusatz von Trockenmagermilch erzeugt und dieser Umstand in der Bezeichnung nicht angegeben wird. Ferner kondensierte Milch, Blockmilch und Trockenmilch, die den Bedingungen auf S. 33 ff. nicht entsprechen.

Milch, die im Ausschankgefäß nicht vor jeder Milchentnahme durchgemischt wird, so daß das aufgerahmte Milchfett wohl an die ersten Käufer abgegeben wird, die letzten Käufer aber eine fettärmere, also entrahmte Milch erhalten, hat an Nährwert eingebüßt und ist zu beanstanden.

Als falsch bezeichnet im Sinne des Lebensmittelgesetzes sind anzusehen: gewöhnliche rohe, pasteurisierte oder sterilisierte Marktmilch, die als „Kindermilch", „Vorzugsmilch", „Säuglingsmilch" oder dgl., weiters erhitzte Milch, die als Rohmilch und umgekehrt rohe oder nicht entsprechend erhitzte, sowie ein Gemisch von roher und pasteurisierter Milch, die als pasteurisierte Milch, ebenso auch gemäß § 5, Abs. 3 der Min. Vdg. BGBl. Nr. 90/1931 (s. S. 1) Kuhmilch, deren natürlicher Zustand verändert ist und die ohne Kennzeichnung dieses Umstandes sowie nicht mehr kochfähige Milch, die als „frische Milch" oder Milch schlechtweg in Verkehr gesetzt werden. Weiters Milch anderer Tiere als der Kuh, ebenso aufgelöste Trockenmilch oder aufgelöste kondensierte Milch, die als Kuhmilch oder Milch schlechtweg, dann saure Milch, die als Rahm oder Joghurt, Kefir oder Kumys in den Verkehr gebracht wird, ferner süßer Rahm fettärmster Qualität (Kaffeerahm) mit weniger als 8 Prozent, süßer Rahm mittlerer Qualität (Teerahm) mit weniger als 15 Prozent, Schlagrahm (Schlagobers) mit weniger als 28 Prozent und saurer Rahm mit weniger als 8 Prozent Fett. Ebenso als „kondensierte Vollmilch" oder „kondensierte Milch" bezeichnete kondensierte Magermilch, weiters als „rein" oder „ungezuckert" oder als „kondensierte Milch" („Vollmilch") bezeichnete rohrzuckerhaltige kondensierte Milch und solche, die ganz oder teilweise aus eingedickter Molke besteht (S. 34). Ebenso ist Milch, die nicht im Erzeugungs- oder Molkereibetriebe in Flaschen abgefüllt wurde, wenn sie als „Flaschenmilch" in Verkehr gesetzt wird, als falsch bezeichnet zu beanstanden. Falsch bezeichnet ist auch Schlagrahm, der sich nicht „schlagen" läßt und alkalisierte Trockenmilch, die ohne entsprechende Kennzeichnung dieses Umstandes in Verkehr gesetzt wird.

Als Nachmachung zu beurteilen sind Erzeugnisse, die, ganz oder überwiegend aus artfremden Stoffen hergestellt, durch Aussehen oder Bezeichnung Milch oder Milcherzeugnisse vortäuschen.

Minderwertig ist fehlerhafte Milch (S. 17ff.) und kolostrumhaltige Milch (S. 32), wenn die Mängel nicht in einem Grade vorhanden sind, daß die Milch für den Genuß untauglich wird, ebenso Milch und kondensierte Milch, deren Fett teilweise ausgebuttert, weiters Trockenmilch, die teilweise unlöslich ist.

Auf Milch anderer Tierarten und daraus hergestellte Milcherzeugnisse haben vorstehende Grundsätze sinngemäße Anwendung zu finden.

## 5. Regelung des Verkehres

Für die Gewinnung und Behandlung einwandfreier Milch sind folgende Gesichtspunkte zu beachten:

### I. Milchgewinnung

Einwandfreie Milch kann nur von gesunden Milchtieren bei deren aufmerksamer Pflege und Wartung und — wo es angeht — bei Weidegang der Milchtiere gewonnen werden. Dazu gehört eine dem Gesundheitszustande der Milchtiere zuträgliche Unterbringung in zweckentsprechenden d. h. geräumigen, lichten und luftigen Stallungen und größte Reinlichkeit in allen Phasen der Gewinnung. Der Kot der Tiere muß durch reichliche Aufbringung von Streu unschädlich gemacht und der angesammelte Dünger unter gleichzeitigem Lüften des Stalles mindestens einmal täglich, jedoch nicht unmittelbar vor dem Melken, entfernt werden; Tiefstallungen sind für Milchvieh nicht geeignet, dagegen haben sich neben Langständen auch Kurzstände bei zweckentsprechender Standlänge, Krippenanordnung und Anbindevorrichtung gut bewährt. Als Streu sind nur unverdorbenes Stroh (aber nicht schimmeliges oder dumpfiges Stroh oder gebrauchtes Bettstroh), dann gute Torfstreu, trockenes Laub, Farnkraut, Riedstreu und Schilf oder reine Sägespäne zu verwenden. Verschimmelte Laub- und Nadelstreu ist aus hygienischen Gründen nicht geeignet. Die Ställe müssen ausgiebig gelüftet und die Milchtiere regelmäßig rein geputzt werden. Fliegen und Ungeziefer sind in geeigneter Weise, z. B. am besten durch bewegte Luft, blauen Maueranstrich, blaues Fensterglas usw. fernzuhalten oder zu vertilgen. Äußerst wichtig ist, daß nur vollkommen einwandfreie Futtermittel in geeigneter, der Milchleistung angepaßter „Passierung" zur Fütterung gelangen, daß die Milchtiere täglich mindestens 1 Stunde an die frische Luft gebracht und solange es die Jahreszeit zuläßt, auf die Weide getrieben werden. Kraftfuttermittel, wie Rapskuchen, Getreideschrot u. dgl. sind im trockenen Zustand zu verfüttern, Futtermittel, die den Gesundheitszustand der Milchtiere beeinträchtigen, wie z. B. mit Kupfervitriol bespritzte Weinblätter, oder solche Futtermittel, aus denen giftige oder geschmackstörende Stoffe in die Milch übergehen, wie z. B. nicht entbitterte Lupinen, hat der Milchwirt ganz auszuschließen. Das Gleiche gilt von den sog. „milchtreibenden Geheimmitteln". Melasse und Melassemischfutter können Durchfälle verursachen, wodurch die Reinhaltung der Tiere und eine saubere Milchgewinnung erschwert wird. Als Tränkwasser für die Milchtiere und als Waschwasser für das Euter oder für die Melk- und Transportgefäße und zum Reinigen der Hände der Melker eignet sich nur hygienisch einwandfreies Wasser. Erkrankt ein Milchtier, so ist seine Milch zurückzubehalten und sofort ein Tierarzt zu Rate zu ziehen. Die Abgabe von Milch aus Gehöften, in denen Erkrankungen an Scharlach, Diphtherie, Typhus, Blattern, Flecktyphus herrschen oder Verdachtssymptome dieser Krankheit vorhanden sind, sowohl an Milchsammelstellen und Molkereien als an Milchhändler oder Privatparteien ist unstatthaft. Personen, die mit ekelerregenden oder ansteckenden, wenn auch nicht anzeigepflichtigen Krankheiten behaftet sind, ferner jene, die sich mit der Pflege solcher Kranken befassen oder sonstwie mit derartigen Kranken in Berührung kommen, dürfen weder beim Füttern der Tiere, noch bei der Gewinnung der Milch und deren weiterer Behandlung mitwirken.

Vor jeder Melkung ist das Euter der Milchtiere mit einem reinen, weichen Leinwandlappen abzureiben oder auch abzubürsten; sollte es verschmutzt sein, so muß es vorher mit warmem, reinem Wasser, eventuell unter Zuhilfenahme von Seife, gewaschen und dann gut abgetrocknet werden. Die melkende Person hat sich vor dem Melken jedes Tieres die Hände gründlich zu reinigen. Das zum Waschen der Hände und Euter verwendete Gefäß muß rein sein, darf ohne entsprechende Reinigung nicht zu anderen Zwecken, insbesondere nicht als Melkeimer benutzt werden. Beim Melken ist eine reingehaltene Arbeitsschürze zu tragen. Der Schwanz der Milchtiere ist während des Melkens festzubinden. Beim Melken verwende man einen einbeinigen Melkschemel, den sich die melkende Person umzuschnallen hat. Die Häufigkeit des Melkens beeinflußt die produzierte Milchmenge. Diese ist z. B. bei dreimaligem Melken um rund 7 Prozent höher als bei zweimaligem Melken. Von großer Wichtigkeit ist ein sachgemäßes Melken, wie es in Melkerschulen und -kursen gelehrt wird. Die beste Melkmethode ist das Faustmelken. In vielen Betrieben hat sich auch das Melken mit der Melkmaschine, zweckentsprechende Wartung und Reinhaltung der Melkmaschine vorausgesetzt, gut bewährt. Von größter Wichtigkeit ist bei jeder Art des Melkens ein gründliches, vollständiges Ausmelken (Nachmelken), weil davon nicht nur Menge und Güte der Milch, sondern auch die Gesundheit der Milchdrüse abhängt (Vermeidung von Euterentzündungen). Die Melkeimer dürfen nicht aus Zinkblech oder verzinktem Blech hergestellt sein, sollen einen Deckel besitzen und dürfen in keinem Falle zu anderen Zwecken dienen, sind stets sofort nach dem Gebrauch mit 2-prozentiger Sodalösung oder kochend heißem Wasser zu reinigen, hierauf mit einwandfreiem kaltem Wasser nachzuspülen und dürfen nie im Stalle, sondern müssen an einem anderen, vor Staub und Verunreinigungen geschützten Orte aufbewahrt werden. Die ersten Strahlen aus jedem Euterviertel sind in ein eigenes Gefäß wegzumelken und keinesfalls der Konsummilch beizumengen; sie sind jedoch in gekochtem Zustande zur Tierfütterung verwendbar. Werden die ersten Strahlen auf ein schwarzes Seihtuch aufgemolken, so sind Veränderungen der Milch, wie Flocken und Gerinnsel, leicht wahrzunehmen.

## II. Milchbehandlung

### A. An der Erzeugungsstätte

Die ermolkene Milch ist, wenn der endgültige Bestimmungszweck (Käserei) dieser Maßnahme nicht widerspricht, beim Umleeren in ein größeres Gefäß durch eine passende Siebvorrichtung mit Seihtuch oder Wattefiltern zu seihen; zu jeder Melkung ist ein sorgfältig gereinigtes Seihtuch bzw. ein neues Wattefilter zu verwenden. Die durchgeseihte Milch ist aus dem Stalle sofort in eine Milchkammer zu schaffen oder unverzüglich in eine Sammelstelle zu bringen, sofort und rasch zu kühlen und bis zur Wegbringung in einem kalten Raume aufzubewahren. Dies darf nur außerhalb des Stalles, und zwar in von Abortanlagen, Düngergruben usw. gehörig entfernten, staubfreien, gut ventilierten und zu keinem anderen Zwecke, also auch nicht als Schlaf- und Wohnräume dienenden Milchkammern geschehen, deren Wände geweißt, mit Anstrich oder mit abwaschbarem Verputz versehen sind. Unrein gewonnene Milch kann durch keinerlei Maßnahmen, auch nicht durch die Behandlung in der Molkerei in einwandfreien Zustand zurückversetzt werden. Die Kühlung kann durch Einstellung der Milchgefäße in kaltes Wasser, dem man eventuell Eis hinzufügt, oder mittels eigener Milchkühler erfolgen. Das Kühlen durch das Versetzen der Milch mit Eis ist einem Wasserzusatz, also einer Fälschung (S. 76) gleichzuhalten und daher unzulässig; ein solches Verfahren ist auch deshalb unzulässig, weil es die ständige Gefahr einer Infektion der Milch durch Krankheitskeime in sich schließt. Die Temperatur, bei der die Milch aufbewahrt wird, soll nach Möglichkeit $+10^0$ C nicht übersteigen.

### B. In der Sammelstelle

In den Milchsammelstellen oder Milchhäusern muß die zur Einlieferung gelangende Milch bei der Übernahme geprüft werden. So ist stichprobenweise das spezifische Gewicht und der Schmutzgehalt und mit der Alizarolprobe der Frischezustand der von den einzelnen Parteien gelieferten Milch zu ermitteln. Die Ergebnisse sind in einem eigenen Kontrollbuch zu verzeichnen. Das Ergebnis dieser Prüfungen reicht jedoch nicht für gerichtliche Anzeigen hin, und es ist daher in verdächtigen Fällen die Milch nebst den dazugehörigen, vorschriftsmäßig (S. 36) entnommenen, richtig konservierten Stallproben (S. 37) an eine öffentliche Untersuchungsanstalt einzusenden. Bei der Einsendung solcher Proben sind unbedingt auch die für die Kontrolle im allgemeinen erforderlichen Daten (vgl. S. 37) bekanntzugeben. Abnormal aussehende oder abnormal schmeckende sowie verschmutzte Milch darf nicht übernommen werden. Die Kostprobe hat mit einem gebräuchlichen Probelöffel mit hohlem Stiel zu erfolgen. Die hiebei nicht verbrauchten Milchreste dürfen nicht in die Milch zurückgegossen werden, sondern sind zu beseitigen. Die einwandfrei befundene Milch ist mittels geeigneter Seihvorrichtungen (Seihtücher und Wattefilter) nochmals zu reinigen, dann wegen der längeren Haltbarkeit unter $10^0$ C abzukühlen und in den sorgfältig gewaschenen und getrockneten Kannen in einem kühlen Raum bis zum Transport aufzubewahren. Wo sich kein eigener Kühlraum mit mechanischen Kühleinrichtungen befindet, sondern durch Einstellen der Kannen in Eiswasser gekühlt wird, ist dafür zu sorgen, daß das Schmelzwasser nicht in das Innere dieser Kannen eindringt. Das Eis muß sanitär einwandfrei sein. Die Kannen sind vor dem Transporte so zu plombieren, daß ein unbefugtes Öffnen erkennbar ist. Dazu eignen sich besonders Bleiplomben mit bei der Plombierung eingedrucktem Herkunftszeichen. In den Kühlräumen sollen keine anderen Lebensmittel außer Milch und Milchprodukten aufbewahrt werden. Alle im Betriebe benützten Gefäße und sonstigen Einrichtungsgegenstände, Milchkannen, Meßgefäße, Milchkühler, Schöpflöffel und eventuelle in Verwendung stehende Zentrifugen und Separatoren, die mit der Milch in unmittelbare Berührung kommen, sind jedesmal nach dem Gebrauche in der auf S. 26 beschriebenen Art zu reinigen und haben folgenden Vorschriften zu entsprechen: Sie dürfen nicht:

a) ganz oder teilweise aus Metall verfertigt sein, das mehr als 10 Prozent Blei oder einen anderen Stoff enthält, welcher schädliche Bestandteile an die Milch abgibt;

b) an der mit der Milch in Berührung kommenden Seite mit einer Legierung gelötet sein, welche mehr als 10 Prozent Blei enthält oder mit Email oder Glasur überzogen sein, welche den Bestimmungen der Ministerialverordnungen RGBl. Nr. 235/1897, bzw. BGBl. Nr. 321/1928, nicht entspricht;

c) mit Zinn verzinnt sein, welches mehr als 1 Prozent Blei enthält;

d) derartig verrostet sein, daß auch bei gründlicher Reinigung die Milchreste nicht völlig entfernt werden können.

Die Betriebsräume müssen zur ausgiebigen Lüftung mit Ventilationsvorrichtungen, wie Klappenflügel, Mauerschläuchen u. dgl., versehen sein. Ferner sind für die Betriebsräume Wände, die bis mindestens

1,5 m Höhe waschbar sind, wasserdichte Fußböden und Geruchsverschlüsse bei den Kanälen vorzusehen; die Fußböden, waschbaren Teile der Wände usw. müssen täglich mit sanitär einwandfreiem Wasser gründlich gereinigt werden. Für die beschäftigten Leute gilt das auf S. 26 Gesagte.

## C. Auf dem Transport

Die Transportgefäße müssen den obigen Bestimmungen entsprechen. Sie müssen, sofern sie für den Transport der Milch an den Verschleißer (Verbraucher) bestimmt sind, geeicht sein und dürfen durch etwaige Deformierungen gegenüber der Eichung um nicht mehr als 1 Prozent abweichen. Sie sind daher von Zeit zu Zeit nachzueichen.[1]

Zur Dichtung des Deckels beim Versand der Milchkannen sind besonders für diesen Zweck hergestelltes, ungebrauchtes Kannendichtungspapier, reine weiße Gewebe, besondere blei- und zinkfreie[2] Gummiringe oder ähnliche, aus anerkannt brauchbaren Stoffen bestehende Vorrichtungen zu verwenden. Der Gebrauch von gewöhnlichem Papier, Schilf, Stroh, Heu, Werg, Jute, Pflanzenteilen oder unreinen und farbigen Geweben ist unstatthaft. In einer Fassung befestigte Gummiringe sind wegen der schweren Reinigungsmöglichkeit nicht empfehlenswert.

Die durch öffentliche Verkehrsanstalten zur Absendung gelangenden Kannen, deren Inhalt 15 Liter oder mehr beträgt, müssen gehörig plombiert sein (s. S. 1), das gleiche hat sinngemäß auch für die zum Milchtransport benützten Barrels und Tanks zu gelten. In der Aufgabestation muß für ausreichenden Schutz der zum Transport gelangenden Milch gegen Sonne und große Kälte vorgesorgt werden. Die Beförderung der Milch auf der Eisenbahn muß in der tunlichst kürzesten Zeit und soll in eigens für diesen Zweck gebauten und hiefür verwendeten Waggons, die im Sommer zu kühlen und im Winter gegen Kälte zu schützen sind, erfolgen. Auch müssen die Milchsendungen unmittelbar nach der Ankunft den Empfängern zu jeder Tages- und Nachtzeit ausgefolgt werden. Will man solche Sendungen während der Fahrt auf verschiedenen Stationen aus- und einladen, so ist eine Teilung des Innenraumes in mehrere Abteilungen vorzunehmen, deren gesonderte Öffnung und Schließung möglich ist. Aus Waggons mit Milchzuladung ist stets die Milch zuerst auszuladen. Güter, die ihrer Beschaffenheit nach auf die Qualität der Milch ungünstig einwirken können, wie z. B. Obst, Schwämme, Most, Stechvieh und Weidnerschweine, Fleisch, Fische, Wild, Geflügel, frisches warmes Brot, Chemikalien, Petroleum usw. dürfen Milchsendungen nicht beigeladen werden. Bei der Beförderung mittels Zugtieren oder Kraftwagen sind die Milchgefäße vor der direkten

---

[1] Gemäß Kundmachung des ehem. Handelsministeriums, RGBl. Nr. 148/1906 müssen Milchkannen nach je 3 Jahren nachgeeicht werden.

[2] Ein Gehalt von nicht mehr als 1 Prozent Zink ist nicht zu beanstanden.

Besonnung, vor dem Straßenstaub und vor dem Schmutz durch zweckmäßige Wagenbedachung in Form genäßter Plachen oder Decken zu schützen. Der Milchwagen muß gute Federn besitzen und die Milchkannen müssen vollständig gefüllt werden, damit das „Ausbuttern" der Milch verhindert wird. Beim Transport von Flaschenmilch in Wagen auf weite Strecken ist auf gehörigen Schutz gegen Sonnenlicht und Staub zu achten. Die Beförderung von Spülicht, Küchenabfällen u. dgl. in Milchkannen und die gleichzeitige Beförderung von Milch und Spülicht, Küchenabfällen u. dgl. auf ein und demselben Fuhrwerk ist unstatthaft. Der gemeinsame Transport bei leeren Kannen ist nur dann zuzulassen, wenn diese Stoffe in besonderen, fest schließenden Behältern verwahrt werden, jener mit ungewaschenen Wäschestücken, Strohsäcken und ähnlichen Gegenständen aber überhaupt unzulässig. Die zum Transport dienenden Wagen, Karren usw. müssen stets in reinlichem Zustande gehalten werden.

D. In der Molkerei

Die in der Molkerei einlangende Milch ist stichprobenweise auf ihre Unverfälschtheit und Konsumtauglichkeit zu prüfen. Es ist daher für folgende Untersuchungen Vorsorge zu treffen:

Sinnenprüfung (Geschmack- und Geruchsfehler), Schmutzprüfung, Alizarolprobe oder Rosolsäureprobe (zur orientierenden Beurteilung von stichiger und saurer, aber auch von durch Sodazusatz alkalisch gemachter Milch), Säuregrad nach *Soxhlet-Henkel*, spezifisches Gewicht, Fettbestimmung nach *Gerber*, Gärreduktaseprobe nach *Orla-Jensen* (vorwiegend zur orientierenden Beurteilung blähender oder keimreicher Milch), Kochgärprobe nach *Schern* (Trinkmilchprobe), Katalaseprobe zur Beurteilung der allgemeinen Verwendbarkeit der Milch (namentlich ihrer Käsereitauglichkeit).

Die sachverständige Auswertung dieser Untersuchungen vermittelt ein genügend orientierendes Bild über die Beschaffenheit der Milch in chemischer, physikalischer und biologischer Beziehung. Hiebei als nicht einwandfrei befundene Milch ist von der Weitergabe an den unmittelbaren Verbraucher auszuschließen.

In den Molkereien wird die Milch einer molkereimäßigen Behandlung (Reinigung, Wärme- bzw. Kältekonservierung, Abfüllen auf Kannen und Flaschen usw.) unterworfen. Im einzelnen ist hierüber folgendes zu sagen:

a) **Reinigung der Milch.** Die Milch muß rein gewonnen werden; alle Maßnahmen, verunreinigte Milch auf irgendwelche Art zu reinigen, sind unzulänglich. Von mechanischen Verunreinigungen (Kot, Schmutz usw.) läßt sich die Milch, insoweit diese Stoffe darin nicht aufgelöst sind, durch Filtrieren oder Ausschleudern zum Großteil befreien; es gelingt aber durch diese Verfahren nicht, einen erheblicheren Teil der Mikroorganismen, ihre Stoffwechselprodukte und gelösten Schmutz zu entfernen. Die Reinigung der Milch ist eine Maßnahme, die bei beabsichtigter Wärmekonservierung dieser unbedingt vorausgehen muß.

b) **Erhitzung der Milch.** Diese wird in besonderen Apparaten vorgenommen und bezweckt insbesondere die Vernichtung oder Abschwächung gesundheitsschädlicher Keime, aber auch die Erhöhung der Haltbarkeit:

1. Dauererhitzung. Bei dieser wird die Milch in geeigneten Apparaten oder in Flaschen während 30 Minuten auf mindestens 65⁰ C gehalten.

2. Hocherhitzung. Bei dieser wird die Milch auf mindestens 90⁰ C erhitzt.

3. Momenterhitzung. Bei diesem Verfahren wird die Milch in höchstens 10 mm dicker Schicht durch kürzere Zeit auf mindestens 85⁰ C erhitzt.

Die unter 1 bis 3 angeführten Temperaturen und Erhitzungszeiten sind unbedingt einzuhalten und müssen durch gut funktionierende Registrierapparate jederzeit überprüfbar sein.

4. Sterilisierung. Bei dieser wird Milch (auch Rahm) durch Erhitzen über 100⁰ C in Flaschen oder Dosen haltbar gemacht. So behandelte Milch (Rahm) muß eine dreitägige Bebrütung bei 37⁰ C ohne Veränderung aushalten.

c) **Tiefkühlung.** Da durch die unter b) 1.—3. angeführten Erhitzungsarten die Milch nicht keimfrei, sondern nur keimarm wird, muß sie sofort nach der Erhitzung rasch auf wenigstens + 7⁰ C abgekühlt und dann bei dieser Temperatur bis zum Abtransport aus der Molkerei aufbewahrt werden. Andernfalls können in der Milch vorhandene Sporen schädlicher Bakterien auskeimen. Unter diesem Gesichtspunkte scheint es auch geboten, die pasteurisierte Milch nicht länger als einen Tag lagern zu lassen, ehe sie dem Konsum zugeführt wird. Muß die Milch länger aufbewahrt werden, so hat dies unter geeigneten Vorsichtsmaßregeln in entsprechenden Kühlanlagen zu geschehen.

Die Haltbarmachung der Milch kann ohne vorherige Erhitzung auch durch bloße Tiefkühlung (2 bis 3⁰ C), die dann möglichst bald nach der Gewinnung zu erfolgen hat, erreicht werden, doch kann diese Behandlungsart nur bei Milch angewendet werden, bei welcher die Art der Gewinnung eine einwandfreie Qualität gewährleistet, weil die Keime durch jene Abkühlung in der Entwicklung nur gehemmt werden.

d) **Abfüllen der Milch.** Zur Abgabe an die Verschleißstellen, bzw. Verbraucher wird die Milch in der Molkerei in Kannen bzw. Flaschen gefüllt. Die in Milchbassins lagernde Milch ist durch ein Rührwerk ständig in Bewegung zu halten, jedenfalls aber wegen der Aufrahmung vor dem Abfüllen gründlich zu durchmischen. Die Transportkannen müssen den Vorschriften S. 81 entsprechen und plombiert werden. Zum Abziehen der Milch in Kannen oder Flaschen dürfen nur solche Füllapparate verwendet werden, die eine gleichmäßige Füllung gewährleisten. Heber, welche durch Ansaugen mit dem Munde betätigt werden, sind unzulässig. Die Kannen und Flaschen müssen das richtige Maß haben und letztere aus gutem, widerstandsfähigem, farblosem Glase — für die Haltbarkeit der Milch wäre jedoch braunes Glas vorzuziehen — oder einem geeigneten anderen Material erzeugt sein; gesprungene, am Flaschenkopf ausgeschlagene oder sonst wie schadhafte Flaschen sind von der Benutzung auszuschließen. Die Reinigung wird am zweckmäßigsten mit Hilfe automatisch betriebener Kannen- und Flaschenreinigungsmaschinen vorgenommen und hat nacheinander mit Sodalösung und Wasser verschiedener Wärmegrade bzw. Dampf gründlich zu erfolgen. Nach der Reinigung sind die Kannen und Flaschen zu trocknen. Die Reinigung der Flaschen ist von der Füllung räumlich zu trennen. Die Flaschenverschlüsse müssen rein und derart beschaffen sein, daß eine Verschmutzung der Milch und zwar auch bei der Öffnung ferngehalten wird. Alle die Molkerei verlassenden Gefäße und Flaschen sind so zu verschließen, daß sie nur unter Zerstörung der Verschlußetikette (Plombe) bzw. des Verschlusses geöffnet werden können. Es wäre zweckmäßig, für Flaschenmilch ebenso wie für Kindermilch (S. 26) nur übergreifende Verschlüsse zu verwenden. Auch ist dafür Sorge zu tragen, daß die Milch bis zur Abgabe an den Konsumenten die Temperatur von 15⁰ C nicht überschreitet.

Die die Molkerei verlassende Milch soll mit der Angabe des Namens und des Ortes der Molkerei versehen sein, sowie auch mit der Angabe, ob es sich um rohe oder erhitzte Milch handelt. Magermilch ist als solche in deutlicher Weise zu kennzeichnen.

Bezüglich der Reinhaltung und Beschaffenheit der Betriebsräume, deren gesamter Einrichtung und Ausstattung, ferner bezüglich der für das beschäftigte Personal bestehenden Vorschriften gelten die Bestimmungen des letzten Absatzes auf S. 81 in erhöhtem Maße.

Die Untersuchung der auslaufenden Milch hat sich darauf zu erstrecken, ob sie der Bezeichnung entsprechend richtig erhitzt und ob sie von einwandfreier Beschaffenheit ist.

### E. In den Verschleißstellen

Die in den Verschleißstellen einlangende Kannenmilch ist nach gründlicher Durchmischung vor dem Ausschank der Geruchs- und Geschmacksprüfung zu unterziehen und mit dem Laktodensimeter (Milchwaage) zu prüfen.

Die zum Feilhalten und Verkaufe der Milch dienenden Verschleißräume müssen den an Lebensmittelgeschäfte gestellten sanitären Anforderungen entsprechen, also von Wohn- und Schlafräumen abgesondert sein; eine bloße Trennung durch Glas- und Holzwände genügt nicht. Das Aufstellen von Wäscherollen in Milchverschleißlokalen ist zu vermeiden. Werden im Kleinverkehr gleichzeitig mit oder neben der

Milch stark riechende Stoffe feilgehalten, so muß der Milchausschank vom übrigen Geschäftsbetriebe abgesondert werden, damit jede nachteilige Wirkung auf die Milch ausgeschlossen wird. Jedoch unterliegt der gleichzeitige Verkauf von Molkereiprodukten und Gewürzen oder dgl. keinem Anstande, wenn geeignete Vorkehrungen getroffen werden, um einen nachteiligen Einfluß auf die Milch hintanzuhalten (Glasglocke, Glasschrank). Der Ausschank der Milch auf der Straße, auf offenen Märkten und unter Haustoren ist nur zuzulassen, wenn der Verkäufer die Milch vor Verstaubung oder Verschmutzung anderer Art ausreichend schützt. Das gleiche gilt von „direkt vom Stall weg" verkaufter (sog. kuhwarmer) Milch, wenn bei der Gewinnung die auf S. 78 angeführten Grundsätze Beachtung finden.

Muß im Kleinverkehr Milch aus irgendeinem Grunde aufbewahrt werden, so ist sie in einem kühlen Raume, wie in geeigneten Kellerräumen oder im Eisschranke unterzubringen und der zum unmittelbaren Verkauf bestimmte Vorrat in bedecktem Gefäße vor den Einwirkungen der Sonnenstrahlen, vor Verstaubung und jedweder anderen Verunreinigung sorgfältig zu schützen. Dieser Forderung widerspricht auch das Aufstellen von vollen Milchkannen vor den Verkaufslokalen. In Gefäßen aus Zink, unverzinntem Kupfer und Messing, in Tongeschirren mit bleilässiger Glasur und in eisernen Gefäßen mit blei- oder antimonabgebendem Email oder solchen mit Rostansatz darf Milch nicht aufbewahrt werden.

Die Vorrats- oder Standgefäße müssen gleichfalls den vorstehend beschriebenen Anforderungen entsprechen.

Die zum Abmessen der Milch dienenden Meßgefäße müssen so beschaffen sein, daß die Hand beim Schöpfen nicht mit der Milch in Berührung kommt. In Ermangelung solcher muß ein Schöpflöffel zum Einfüllen verwendet werden. Vor jeder Milchabgabe ist die noch vorhandene Milch gut durchzumischen. Der Ausschank soll tunlichst nur aus Gefäßen, die leicht zu reinigende Ablaßhähne und gleichzeitig eine eingebaute Rührvorrichtung haben, erfolgen. Die Verkaufsgefäße müssen an einer sichtbaren Stelle mit Aufschriften in großen, lesbaren Buchstaben versehen sein, welche die feilgehaltene Milchsorte und die Angabe, ob roh oder erhitzt, tragen.

## 6. Verwertung der beanstandeten Milch und Milcherzeugnisse

Gesundheitsschädliche Waren dieser Klasse sind ohne Verzug in geeigneter Weise zu vernichten. Bei verdorbener Milch usw. kommt die Verfütterung in Betracht; solche Milch sollte aber vor der Freigabe mit Heu oder Teerfarben denaturiert werden. Falsch bezeichnete Waren können unter richtiger Bezeichnung im Verkehr belassen werden, bei verfälschten ist zu erwägen, ob sie noch genießbar sind, in welchem Fall man größere Mengen zur Verwertung einer Molkerei oder anderen industriellen Unternehmung zur Verarbeitung übergeben kann. Trifft diese Voraussetzung nicht zu, so sind sie wie die verdorbenen zu behandeln.

———

Experten: Direktor *Karl Hehle* (Milchindustrie A. G.), Kom.-Rat *Karl Hoffmann*, Dr. techn. *Josef Krenn* (Milchw. Bundes-Lehranstalt in Wolfpassing), Kom.-Rat *Leo Sternberg*, Kom.-Rat *Adolf Stix* (N.-ö. Molkerei), Ing. *Julius Vukow* (Österr. Land- und Forstw.-Ges.), Ing. *Ludwig Wieser* (N.-ö. Landes-Landw. Kammer), o. ö. Prof. Dr. *Franz Zaribnicky*.

Tabelle 1. Korrektionstabelle für das spezifische Gewicht von Vollmilch

Wärmegrade der Milch nach Celsius

| | 9 | 10 | 11 | 12 | 13 | 14 | 15 | 16 | 17 | 18 | 19 | 20 | 21 | |
|---|---|---|---|---|---|---|---|---|---|---|---|---|---|---|
| Grade des Laktodensimeters | 23,2 | 23,3 | 23,4 | 23,5 | 23,6 | 23,8 | 24,0 | 24,2 | 24,4 | 24,6 | 24,8 | 25,0 | 25,2 | Grade des Laktodensimeters |
| | 24,1 | 24,2 | 24,3 | 24,5 | 24,6 | 24,8 | 25,0 | 25,2 | 25,4 | 25,6 | 25,8 | 26,0 | 26,2 | |
| | 25,1 | 25,2 | 25,3 | 25,5 | 25,6 | 25,8 | 26,0 | 26,2 | 26,4 | 26,6 | 26,9 | 27,1 | 27,3 | |
| | 26,1 | 26,2 | 26,3 | 26,5 | 26,6 | 26,8 | 27,0 | 27,2 | 27,4 | 27,6 | 27,9 | 28,2 | 28,4 | |
| | 27,0 | 27,1 | 27,2 | 27,4 | 27,6 | 27,8 | 28,0 | 28,2 | 28,4 | 28,6 | 28,9 | 29,2 | 29,4 | |
| | 27,9 | 28,1 | 28,2 | 28,4 | 28,6 | 28,8 | 29,0 | 29,2 | 29,4 | 29,6 | 29,9 | 30,2 | 30,4 | |
| | 28,8 | 29,0 | 29,2 | 29,4 | 29,6 | 29,8 | 30,0 | 30,2 | 30,4 | 30,6 | 30,9 | 31,2 | 31,4 | |
| | 29,8 | 30,0 | 30,2 | 30,4 | 30,6 | 30,8 | 31,0 | 31,2 | 31,4 | 31,7 | 32,0 | 32,3 | 32,5 | |
| | 30,8 | 31,0 | 31,2 | 31,4 | 31,6 | 31,8 | 32,0 | 32,2 | 32,4 | 32,7 | 33,0 | 33,3 | 33,6 | |
| | 31,8 | 32,0 | 32,2 | 32,4 | 32,6 | 32,8 | 33,0 | 33,2 | 33,4 | 33,7 | 34,0 | 34,3 | 34,6 | |
| | 32,7 | 32,9 | 33,1 | 33,3 | 33,5 | 33,8 | 34,0 | 34,2 | 34,4 | 34,7 | 35,0 | 35,3 | 35,6 | |
| | 33,6 | 33,8 | 34,0 | 34,2 | 34,4 | 34,7 | 35,0 | 35,2 | 35,4 | 35,7 | 36,0 | 36,3 | 36,6 | |

Tabelle 2. Ermittlung des Trockensubstanzgehaltes der Milch, berechnet aus spezifischem Gewicht und Fettgehalt nach der *W. Fleischmann*schen Formel von Dr. *P. Vieth*

| Spezifisches Gewicht bei 15° C | Fettgehalt in Gewichtsprozenten | | | | | | | | | | | | | | | | | | | |
|---|---|---|---|---|---|---|---|---|---|---|---|---|---|---|---|---|---|---|---|---|
| | 1,1 | 1,2 | 1,3 | 1,4 | 1,5 | 1,6 | 1,7 | 1,8 | 1,9 | 2,0 | 2,1 | 2,2 | 2,3 | 2,4 | 2,5 | 2,6 | 2,7 | 2,8 | 2,9 | 3,0 |
| | Trockensubstanzgehalt in Gewichtsprozenten | | | | | | | | | | | | | | | | | | | |
| 1,0280 | 8,6 | 8,7 | 8,8 | 8,9 | 9,1 | 9,2 | 9,3 | 9,4 | 9,5 | 9,7 | 9,8 | 9,9 | 10,0 | 10,1 | 10,3 | 10,4 | 10,5 | 10,6 | 10,7 | 10,9 |
| 1,0285 | 8,7 | 8,8 | 8,9 | 9,1 | 9,2 | 9,3 | 9,4 | 9,5 | 9,7 | 9,8 | 9,9 | 10,0 | 10,1 | 10,3 | 10,4 | 10,5 | 10,6 | 10,7 | 10,9 | 11,0 |
| 1,0290 | 8,8 | 9,0 | 9,1 | 9,2 | 9,3 | 9,4 | 9,6 | 9,7 | 9,8 | 9,9 | 10,0 | 10,2 | 10,3 | 10,4 | 10,5 | 10,6 | 10,8 | 10,9 | 11,0 | 11,1 |
| 1,0295 | 9,0 | 9,1 | 9,2 | 9,3 | 9,4 | 9,6 | 9,7 | 9,8 | 9,9 | 10,0 | 10,2 | 10,3 | 10,4 | 10,5 | 10,6 | 10,8 | 10,9 | 11,0 | 11,1 | 11,2 |
| 1,0300 | 9,1 | 9,2 | 9,3 | 9,4 | 9,6 | 9,7 | 9,8 | 9,9 | 10,0 | 10,2 | 10,3 | 10,4 | 10,5 | 10,6 | 10,8 | 10,9 | 11,0 | 11,1 | 11,2 | 11,4 |
| 1,0305 | 9,2 | 9,3 | 9,4 | 9,6 | 9,7 | 9,8 | 9,9 | 10,0 | 10,2 | 10,3 | 10,4 | 10,5 | 10,6 | 10,8 | 10,9 | 11,0 | 11,1 | 11,2 | 11,4 | 11,5 |
| 1,0310 | 9,3 | 9,5 | 9,6 | 9,7 | 9,8 | 9,9 | 10,1 | 10,2 | 10,3 | 10,4 | 10,5 | 10,7 | 10,8 | 10,9 | 11,0 | 11,1 | 11,3 | 11,4 | 11,5 | 11,6 |
| 1,0315 | 9,5 | 9,6 | 9,7 | 9,8 | 9,9 | 10,1 | 10,2 | 10,3 | 10,4 | 10,5 | 10,7 | 10,8 | 10,9 | 11,0 | 11,1 | 11,3 | 11,4 | 11,5 | 11,6 | 11,7 |
| 1,0320 | 9,6 | 9,7 | 9,8 | 9,9 | 10,1 | 10,2 | 10,3 | 10,4 | 10,5 | 10,7 | 10,8 | 10,9 | 11,0 | 11,1 | 11,3 | 11,4 | 11,5 | 11,6 | 11,7 | 11,9 |
| 1,0325 | 9,7 | 9,8 | 9,9 | 10,1 | 10,2 | 10,3 | 10,4 | 10,5 | 10,7 | 10,8 | 10,9 | 11,0 | 11,1 | 11,3 | 11,4 | 11,5 | 11,6 | 11,7 | 11,9 | 12,0 |
| 1,0330 | 9,8 | 10,0 | 10,1 | 10,2 | 10,3 | 10,4 | 10,6 | 10,7 | 10,8 | 10,9 | 11,0 | 11,2 | 11,3 | 11,4 | 11,5 | 11,6 | 11,8 | 11,9 | 12,0 | 12,1 |
| 1,0335 | 10,0 | 10,1 | 10,2 | 10,3 | 10,4 | 10,6 | 10,7 | 10,8 | 10,9 | 11,0 | 11,2 | 11,3 | 11,4 | 11,5 | 11,6 | 11,8 | 11,9 | 12,0 | 12,1 | 12,2 |
| 1,0340 | 10,1 | 10,2 | 10,3 | 10,4 | 10,6 | 10,7 | 10,8 | 10,9 | 11,0 | 11,2 | 11,3 | 11,4 | 11,5 | 11,6 | 11,8 | 11,9 | 12,0 | 12,1 | 12,2 | 12,4 |
| 1,0345 | 10,2 | 10,3 | 10,4 | 10,6 | 10,7 | 10,8 | 10,9 | 11,0 | 11,2 | 11,3 | 11,4 | 11,5 | 11,6 | 11,8 | 11,9 | 12,0 | 12,1 | 12,3 | 12,4 | 12,5 |
| 1,0350 | 10,3 | 10,5 | 10,6 | 10,7 | 10,8 | 10,9 | 11,1 | 11,2 | 11,3 | 11,4 | 11,5 | 11,7 | 11,8 | 11,9 | 12,0 | 12,1 | 12,3 | 12,4 | 12,5 | 12,6 |

## Tabelle 3. Ermittlung des Trockensubstanzgehaltes der Milch,

berechnet aus spezifischem Gewicht und Fettgehalt nach der *W. Fleischmann*schen Formel von Dr. *P. Vieth*

| Spezifisches Gewicht bei 15° C | Fettgehalt in Gewichtsprozenten | | | | | | | | | | | | | | | | | | | |
|---|---|---|---|---|---|---|---|---|---|---|---|---|---|---|---|---|---|---|---|---|
| | 3,1 | 3,2 | 3,3 | 3,4 | 3,5 | 3,6 | 3,7 | 3,8 | 3,9 | 4,0 | 4,1 | 4,2 | 4,3 | 4,4 | 4,5 | 4,6 | 4,7 | 4,8 | 4,9 | 5,0 |
| | Trockensubstanzgehalt in Gewichtsprozenten | | | | | | | | | | | | | | | | | | | |
| 1,0280 | 11,0 | 11,1 | 11,2 | 11,3 | 11,5 | 11,6 | 11,7 | 11,8 | 11,9 | 12,1 | 12,2 | 12,3 | 12,4 | 12,5 | 12,7 | 12,8 | 12,9 | 13,0 | 13,1 | 13,3 |
| 1,0285 | 11,1 | 11,2 | 11,3 | 11,5 | 11,6 | 11,7 | 11,8 | 11,9 | 12,1 | 12,2 | 12,3 | 12,4 | 12,5 | 12,7 | 12,8 | 12,9 | 13,0 | 13,1 | 13,3 | 13,4 |
| 1,0290 | 11,2 | 11,4 | 11,5 | 11,6 | 11,7 | 11,8 | 12,0 | 12,1 | 12,2 | 12,3 | 12,4 | 12,6 | 12,7 | 12,8 | 12,9 | 13,0 | 13,2 | 13,3 | 13,4 | 13,5 |
| 1,0295 | 11,4 | 11,5 | 11,6 | 11,7 | 11,8 | 12,0 | 12,1 | 12,2 | 12,3 | 12,4 | 12,6 | 12,7 | 12,8 | 12,9 | 13,0 | 13,2 | 13,3 | 13,4 | 13,5 | 13,6 |
| 1,0300 | 11,5 | 11,6 | 11,7 | 11,8 | 12,0 | 12,1 | 12,2 | 12,3 | 12,4 | 12,6 | 12,7 | 12,8 | 12,9 | 13,0 | 13,2 | 13,3 | 13,4 | 13,5 | 13,6 | 13,8 |
| 1,0305 | 11,6 | 11,7 | 11,8 | 12,0 | 12,1 | 12,2 | 12,3 | 12,4 | 12,6 | 12,7 | 12,8 | 12,9 | 13,0 | 13,2 | 13,3 | 13,4 | 13,5 | 13,6 | 13,8 | 13,9 |
| 1,0310 | 11,7 | 11,9 | 12,0 | 12,1 | 12,2 | 12,3 | 12,5 | 12,6 | 12,7 | 12,8 | 12,9 | 13,1 | 13,2 | 13,3 | 13,4 | 13,5 | 13,7 | 13,8 | 13,9 | 14,0 |
| 1,0315 | 11,9 | 12,0 | 12,1 | 12,2 | 12,3 | 12,5 | 12,6 | 12,7 | 12,8 | 12,9 | 13,1 | 13,2 | 13,3 | 13,4 | 13,5 | 13,7 | 13,8 | 13,9 | 14,0 | 14,1 |
| 1,0320 | 12,0 | 12,1 | 12,2 | 12,3 | 12,5 | 12,6 | 12,7 | 12,8 | 12,9 | 13,1 | 13,2 | 13,3 | 13,4 | 13,5 | 13,7 | 13,8 | 13,9 | 14,0 | 14,1 | 14,3 |
| 1,0325 | 12,1 | 12,2 | 12,3 | 12,5 | 12,6 | 12,7 | 12,8 | 12,9 | 13,1 | 13,2 | 13,3 | 13,4 | 13,5 | 13,7 | 13,8 | 13,9 | 14,0 | 14,1 | 14,3 | 14,4 |
| 1,0330 | 12,2 | 12,4 | 12,5 | 12,6 | 12,7 | 12,8 | 13,0 | 13,1 | 13,2 | 13,3 | 13,4 | 13,5 | 13,7 | 13,8 | 13,9 | 14,0 | 14,2 | 14,3 | 14,4 | 14,5 |
| 1,0335 | 12,4 | 12,5 | 12,6 | 12,7 | 12,8 | 13,0 | 13,1 | 13,2 | 13,3 | 13,4 | 13,6 | 13,7 | 13,8 | 13,9 | 14,0 | 14,2 | 14,3 | 14,4 | 14,5 | 14,6 |
| 1,0340 | 12,5 | 12,6 | 12,7 | 12,8 | 13,0 | 13,1 | 13,2 | 13,3 | 13,4 | 13,6 | 13,7 | 13,8 | 13,9 | 14,0 | 14,2 | 14,3 | 14,4 | 14,5 | 14,6 | 14,8 |
| 1,0345 | 12,6 | 12,7 | 12,8 | 13,0 | 13,1 | 13,2 | 13,3 | 13,4 | 13,6 | 13,7 | 13,8 | 13,9 | 14,0 | 14,2 | 14,3 | 14,4 | 14,5 | 14,6 | 14,8 | 14,9 |
| 1,0350 | 12,7 | 12,9 | 13,0 | 13,1 | 13,2 | 13,3 | 13,5 | 13,6 | 13,7 | 13,8 | 13,9 | 14,1 | 14,2 | 14,3 | 14,4 | 14,5 | 14,7 | 14,8 | 14,9 | 15,0 |

## Tabelle 4. Bestimmung der Neutralisation (s. S. 53)

| Titerverbrauch, umgerechnet auf 100 ccm Milch ccm 0,1 n-HCl | Entspricht nach Kurve einem Säuregrad von | Titerverbrauch, umgerechnet auf 100 ccm Milch ccm 0,1 n-HCl | Entspricht nach Kurve einem Säuregrad von | Titerverbrauch, umgerechnet auf 100 ccm Milch ccm 0,1 n-HCl | Entspricht nach Kurve einem Säuregrad von |
|---|---|---|---|---|---|
| 5,0 | 6,0 | 13,5 | 9,15 | 22,0 | 12,7 |
| 5,25 | 6,2 | 13,75 | 9,2 | 22,25 | 12,9 |
| 5,5 | 6,3 | 14,0 | 9,3 | 22,5 | 13,0 |
| 5,75 | 6,4 | 14,25 | 9,4 | 22,75 | 13,1 |
| 6,0 | 6,5 | 14,5 | 9,5 | 23,0 | 13,2 |
| 6,25 | 6,6 | 14,75 | 9,6 | 23,25 | 13,3 |
| 6,5 | 6,7 | 15,0 | 9,65 | 23,5 | 13,4 |
| 6,75 | 6,8 | 15,25 | 9,7 | 23,75 | 13,5 |
| 7,0 | 6,9 | 15,5 | 9,8 | 24,0 | 13,7 |
| 7,25 | 6,95 | 15,75 | 9,9 | 24,25 | 13,8 |
| 7,5 | 7,0 | 16,0 | 10,0 | 24,5 | 13,9 |
| 7,75 | 7,1 | 16,25 | 10,1 | 24,75 | 14,0 |
| 8,0 | 7,2 | 16,5 | 10,2 | 25,0 | 14,1 |
| 8,25 | 7,3 | 16,75 | 10,3 | 25,25 | 14,3 |
| 8,5 | 7,4 | 17,0 | 10,4 | 25,5 | 14,5 |
| 8,75 | 7,5 | 17,25 | 10,55 | 25,75 | 14,6 |
| 9,0 | 7,6 | 17,5 | 10,7 | 26,0 | 14,8 |
| 9,25 | 7,7 | 17,75 | 10,8 | 26,25 | 14,9 |
| 9,5 | 7,8 | 18,0 | 10,9 | 26,5 | 15,1 |
| 9,75 | 7,9 | 18,25 | 11,0 | 26,75 | 15,3 |
| 10,0 | 8,0 | 18,5 | 11,15 | 27,0 | 15,4 |
| 10,25 | 8,1 | 18,75 | 11,25 | 27,25 | 15,6 |
| 10,5 | 8,2 | 19,0 | 11,4 | 27,5 | 15,8 |
| 10,75 | 8,3 | 19,25 | 11,5 | 27,75 | 16,0 |
| 11,0 | 8,35 | 19,5 | 11,6 | 28,0 | 16,1 |
| 11,25 | 8,4 | 19,75 | 11,7 | 28,25 | 16,3 |
| 11,5 | 8,5 | 20,0 | 11,8 | 28,5 | 16,5 |
| 11,75 | 8,6 | 20,25 | 12,0 | 28,75 | 16,6 |
| 12,0 | 8,7 | 20,5 | 12,1 | 29,0 | 16,8 |
| 12,25 | 8,75 | 20,75 | 12,2 | 29,25 | 16,9 |
| 12,5 | 8,8 | 21,0 | 12,3 | 29,5 | 17,0 |
| 12,75 | 8,9 | 21,25 | 12,4 | 29,75 | 17,2 |
| 13,0 | 9,0 | 21,5 | 12,5 | 30,0 | 17,4 |
| 13,25 | 9,1 | 21,75 | 12,6 | | |

Manzsche Buchdruckerei, Wien IX

*Übersicht des Gesamtwerkes:*

**Erster Band / I. Teil: Die Milch. Zusammensetzung. Eigenschaften. Veränderungen. Untersuchung.** Bearbeitet von J. Bauer-Hamburg, B. Bleyer-München, K. J. Demeter-Weihenstephan, W. Ernst-München, W. Grimmer-Königsberg i. Pr., W. Kieferle-Weihenstephan, F. Löhnis-Leipzig, M. Schieblich-Leipzig, A. Scheunert-Leipzig. Mit 69 Abbildungen. X, 413 Seiten. 1930. RM 36.—; gebunden RM 39.—

**II. Teil: Die Milchproduktion. Die Milchviehzucht. Fütterung, Haltung und Pflege der Milchtiere. Entstehung, Gewinnung und Behandlung der Milch.** Bearbeitet von H. v. Falck-Berlin, Th. Henkel-München, E. Hieronymi-Königsberg i. Pr., B. Lichtenberger-Kiel, B. Martiny-Halle a. S., E. Neresheimer-Wien, G. Wieninger-Wien, W. Winkler-Wien. Mit 229 Abbildungen. X, 482 Seiten. 1930. RM 46.—; geb. RM 49.—

**Zweiter Band / I. Teil: Die Milchversorgung der Städte und größeren Konsumorte.** Bearbeitet von F. Trendtel-Altona, B. Lichtenberger-Kiel, W. Westphal-Kiel, H. Weigmann-Kiel, A. Beythien-Dresden, W. Ernst-München. Mit 165 Abbildungen und 4 Tafeln. VIII, 488 Seiten. 1931. RM 48.—; gebunden RM 51.—

**II. Teil: Butter. Käse. Milchpräparate und Nebenprodukte.** Bearbeitet von A. Burr-Kiel, K. J. Demeter-Weihenstephan-München, W. Grimmer-Königsberg i. Pr., F. Löhnis-Leipzig, O. Rahn-Ithaca, N. Y., F. Trendtel-Altona, H. Weigmann-Kiel. Mit 74 Abbildungen. X, 470 Seiten. 1931. RM 48.—; gebunden RM 51.—

**Dritter Band / I. Teil: Milchwirtschaftliche Betriebslehre. Milchwirtschafts- und Molkereibetrieb.** Bearbeitet von G. Albrecht-Wien, H. Bauer-Weihenstephan, F. Bentz-Linz, H. Bünger-Kiel, J. Frahm-Stettin, E. Hofmann-Linz, M. Popp-Oldenburg, H. Quast-Kiel, M. Wittwer-Kempten, K. Zeiler-Weihenstephan. Mit 15 Abbildungen. VIII, 316 Seiten. 1935. RM 36.60; gebunden RM 39.60

**II. Teil: Milchwirtschaftliche Betriebslehre. Organisationen der Milchwirtschaft. Handel und Verkehr mit Milch und Molkereiprodukten. Geschichte der Milchwirtschaft.** Mit 153 Abbildungen. XI, 757 Seiten. 1936. RM 86.—; gebunden RM 89.80

Inhaltsübersicht: **Das Molkereiwesen in den milchwirtschaftlich bedeutendsten Ländern.** Von W. v. Altrock-Wiesbaden. — **Organisation der Milchwirtschaft und Mittel zu ihrer Förderung:** Organisationsfragen und Organisationssysteme in der Milchwirtschaft. Von A. Schindler-Berlin. — Entwicklung der milchwirtschaftlichen Organisation in Deutschland. Von W. v. Altrock-Wiesbaden. — Ausbildung von Melk- und Viehpflegepersonal. Von M. Reiser-München. — Ausbildung von Molkereipersonal und Befähigungsnachweis. Von H. Roeder-Königsberg. — Milchwirtschaftliche Unterrichts-, Versuchs- und Forschungsanstalten. Von W. Riedel-Wangen. — Milchwirtschaftliche Weltliteratur. Von W. v. Altrock-Wiesbaden. — Qualitätsförderung. Von W. Winkler-Wien. — Milchgesetze und Milchregulative. Von C. Reuter-Berlin. — Die Milchpropaganda in den verschiedenen Staaten. Von M. Ertl †-Wien. — **Handel und Verkehr mit Molkereiprodukten:** Qualitätsschutzmarken und Qualitätskontrolle. Von W. v. Altrock-Wiesbaden. Mit Ergänzungen von W. Clauss-Berlin. — Der Weltverkehr in Molkereiprodukten mit besonderer Berücksichtigung von Großbritannien und Deutschland. Von W. v. Altrock-Wiesbaden. — Der Butter- und Käsehandel. Von M. Wittwer-Kempten. — Zölle und Einfuhr- bzw. Ausfuhrvorschriften für Milch und Molkereiprodukte. Von W. v. Altrock-Wiesbaden. — **Geschichte der Milchwirtschaft.** Von W. Winkler-Wien. — Namen- und Sachverzeichnis.

*Jeder Teilband ist einzeln käuflich*

Zu beziehen durch jede Buchhandlung

VERLAG VON JULIUS SPRINGER IN WIEN

# PAUL HAACK

WERKSTÄTTE FÜR GLASBLÄSEREI, ÄTZEREI, SCHLEIFEREI U. LABORATORIUMS-ARTIKEL

## WIEN IX, GARELLIGASSE 4

GEGRÜNDET 1893

*Neu!*

## Apparat für die Gefrierpunktsbestimmung der Milch bei Reihenuntersuchungen. Ges. gesch., D. R. G. M.

### Von J. Gangl und K. Jeschki

**Literatur:** J. Gangl: Wiener Milchwirtschaftliche Berichte, Bd. 2, Seite 37, 1935. J. Gangl u. K. Jeschki: Zeitschrift für Untersuchung der Lebensmittel, Bd. 68, Seite 540, 1934

**VORTEILE:** Eine Bestimmung dauert nur $1\frac{1}{2}$ bis 2 Minuten. Für eine Bestimmung werden nur $12\,cm^3$ Milch benötigt. Das Rühren der Milch sowie das Klopfen des Thermometers zur Überwindung des toten Ganges geschieht durch eine neue, elektromagnetische Einrichtung. Als Stromquelle wird die Lichtleitung unmittelbar verwendet (kein Akkumulator). Durch die Konstruktion eines kleinen, besonders genauen Thermometers, das gegen äußere Einflüsse unempfindlich ist, wurde die Bestimmungsgenauigkeit wesentlich erhöht. Eine Eisfüllung genügt bei mehrmaligen Salzgaben für einen ganzen Arbeitstag.

**Apparatur für ein einfaches, direktes Verfahren zur Bestimmung des Wassergehaltes verschiedener Molkereiprodukte.** Von J. Gangl u. F. Becker

**Literatur:** „Milchwirtschaftliche Forschungen", Zeitschrift für Milchkunde und Milchwirtschaft einschließlich des gesamten Molkereiwesens. Band 16, Heft 4, 1934